Sabine Friedrich
Anwendbarkeit polymerer Einhausungsmaterialien für mikroelektronische Implantate

TUDpress

DRESDNER BEITRÄGE
ZUR AUFBAU- UND VERBINDUNGS
TECHNIK DER ELEKTRONIK

Herausgegeben von

Karlheinz Bock
Klaus-Jürgen Wolter
Thomas Zerna

Band 3

Sabine Friedrich

Anwendbarkeit polymerer Einhausungsmaterialien für mikroelektronische Implantate

TUDpress

2018

Die vorliegende Arbeit wurde unter dem Titel „Anwendbarkeit polymerer Einhausungsmaterialien für mikroelektronische Implantate“ am 28.07.2017 als Dissertation an der Fakultät Elektrotechnik und Informationstechnik der Technischen Universität Dresden eingereicht und am 08.02.2018 verteidigt.

Vorsitzender:	Prof. Dr.-Ing. habil. Malberg
Gutachter:	Prof. Dr.-Ing. habil. Dr. h. c. mult.Wolter
	Prof. Dr. Eychmüller
	Dr.-Ing. habil. Detert

Bibliografische Information der Deutschen Nationalbibliothek
Die Deutsche Nationalbibliothek verzeichnet diese Publikation in der Deutschen Nationalbibliografie; detaillierte bibliografische Daten sind im Internet über http://dnb.d-nb.de abrufbar.

Bibliographic information published by the Deutsche Nationalbibliothek
The Deutsche Nationalbibliothek lists this publication in the Deutsche Nationalbibliografie; detailed bibliographic data are available in the Internet at http://dnb.d-nb.de.

ISBN 978-3-95908-138-2

Thelem Universitätsverlag &
Buchhandel GmbH & Co. KG
Bergstr. 70 | D-01069 Dresden
http://www.tudpress.de

TUDpress ist ein Imprint von Thelem.

Gesetzt vom Autor.
Printed in Germany.

„Es ist nicht das Wissen, sondern das Lernen,
Nicht das Besitzen, sondern das Erwerben,
Nicht das Dasein, sondern das Hinkommen,
Was den größten Genuss gewährt."

Carl Friedrich Gauß
(1777 - 1855)

KURZFASSUNG

Ausgehend von dem Anwendungsbeispiel eines flexiblen Drucksensormoduls für die Integration in einem Stentgraft, welches eine mehrdimensionale Messung der Druckverhältnisse in einem ausgeschalteten Aneurysmasack gestattet, werden in dieser Arbeit wesentliche Anforderungen an die biokompatible Aufbau- und Verbindungstechnik erläutert. Wegen der Miniaturisierung und Flexibilität des Implantates sind nicht-hermetische Einhausungskonzepte zu bevorzugen, die den Einsatz von polymeren Einhausungsmaterialien erfordern. In der Regel verbleiben solche voll funktionsfähigen Medizinprodukte mehrere Jahre im Patienten. Vor dem Hintergrund der langfristigen Anwendungsdauer von mehreren Jahren bis Jahrzehnten ist der Einsatz von Polymeren als Einhausungsmaterialien in kommerziellen Implantaten noch nicht ausreichend erforscht und wenig publiziert. Insbesondere die unterschiedlich stark ausgeprägten Wechselwirkungen der Polymere mit ihrer Umgebung beeinträchtigen die Zuverlässigkeit und damit die Lebensdauer der Implantate. Frühere und aktuelle Forschungs- und Entwicklungsarbeiten untersuchten ausgewählte Polymere für spezielle Anwendungen, wobei fehlende Prüfstandards die Vergleichbarkeit der Ergebnisse erschweren.

Für den Aufbau des flexiblen Sensormoduls, insbesondere für dessen nicht-hermetische Einhausung, wurden Silikone, Polyimide, Parylene C und Epoxidharze als Funktionswerkstoffe betrachtet. Die unterschiedlichen Eigenschaften der Materialien erforderten umfangreiche Untersuchungen der relevanten Merkmale, um eine Schutzfunktion der Einhausung zu gewährleisten.

Nach einer Analyse typischer Ausfallerscheinungen wurden das Barriereverhalten der Polymere, die Haftfestigkeit des Materialverbundes und die Schutzwirkung der Polymere unter simulierten Bedingungen als besonders relevant eingestuft. Das Barriereverhalten ließ sich mittels der Messergebnisse zur Wasseraufnahme, Wasserdampf- und Ionendurchlässigkeit der Polymere beurteilen.

Der prinzipielle Aufbau eines solchen Drucksensormoduls bestimmte mögliche Materialverbindungen, deren Haftfestigkeit auch unter dem Einfluss von Wasseraufnahme, Oberflächenvorbehandlung und Sterilisationsprozessen bestimmt wurde.

In einer simulierten Umgebung (fluiddynamische Belastung von in Polymer eingehausten Probekörpern) erfolgten die elektrische und visuelle Untersuchung zur Schutzwirkung der einzelnen Einhausungsmaterialien.

Die Ergebnisse in ihrer Gesamtheit erlauben eine Bewertung der untersuchten Polymere für ihren Einsatz als nicht-hermetische Einhausung und belegen die Notwendigkeit von mehrschichtigen Aufbauten für Langzeitimplantate.

ABSTRACT

The development of a vascular prosthesis which provides a continuous, fast and non-invasive monitoring of the pressure inside an excluded aneurysm sac required a biocompatible, flexible and miniaturized packaging concept. Therefore, non-hermetic encapsulations based on polymeric materials are needed. For the intended lifetime of several years non-hermetic encapsulations are still under investigation.

In this context, the choice of materials used for packaging and encapsulation is of great interest, as these effect the interactions between the implantable electronic device and the host tissue. Harmful interactions should be suppressed to protect the host tissue against toxic materials used in electronics and likewise the electronic against the aggressive biological environment.

To provide flexibility and miniaturization, polymers like silicone, polyimide, Parylene C and epoxy resins are preferred as substrate and encapsulation material; however, the disadvantage of the permeability of water and ions may cause harmful interactions while being implanted. Main failure of the device is galvanic corrosion on the surface of the electronic device initiated by water condensation and the presence of ions in combination with electrical bias.

Thus, polymers were examined regarding their barrier properties, avoiding water uptake as well as ion and water permeation through the encapsulation. Furthermore, water condensation, and thereby corrosion, is prevented by an appropriate adhesive strength between the utilized materials. Methods to investigate the barrier properties and the adhesive strength were described and results presented.

The protectiveness of the polymers was characterized in a fluid-dynamic environment by means of electrical and microscopic investigations.

Polyimide and Parylene C were identified as appropriate polymers due to their good barrier properties indicating a reliable protection of the implantable electronic device. Despite, silicones features higher permeability for ions or water vapor, but enables larger variety of processing. Nevertheless, barrier properties can be improved by a multi-layer encapsulation combining polymers with different positive attributes. Epoxy resin features the worst barrier properties, but is suitable as bonding material due to its good adhesion to polyimide.

Summarized, the results of these studies provide an evaluation of the different polymers as non-hermetic encapsulation materials and demonstrate the need of a multi-layer encapsulation for long-term implantation.

Danksagung

Ein ganz besonderer Dank gebührt meinem Mentor Dr. Jürgen Uhlemann, der bereits während des Studiums meinen akademischen Werdegang begleitete und meine fachliche Ausrichtung maßgeblich prägte. Ich bedanke mich vor allem auch dafür, dass er mir zu jeder Zeit mit Rat und Tat zur Seite stand. Sowohl fachkundige Auskünfte als auch Weisheiten fürs Leben prägten die zahlreichen Gespräche mit ihm.

Prof. Klaus-Jürgen Wolter verdanke ich die Möglichkeit meine Arbeit am Institut für Aufbau- und Verbindungstechnik der Elektronik durchzuführen und große Freiheiten bei der Bearbeitung meines Promotionsthemas. Außerdem bedanke ich mich für die wissenschaftliche Betreuung meiner Arbeit auch im Rahmen des Graduiertenkolleges „Nano- und Biotechniken für das Packaging elektronischer Systeme" sowie für die verständnisvolle und wohlwollende Unterstützung.
Ebenso danke ich den Mitarbeitern des Institutes für die freundliche, hilfsbereite und konstrukive Zusammenarbeit. Besonderes bedanke ich mich bei Martin Schubert, der bereits als Student die Arbeitsgruppe Bio-AVT wertvoll bereicherte.
Danke sage ich Hendrik Berg, Falko Eildermann, Lukas Lorenz, Katharina Schulz und Jakob Wetterling für ihre Mitarbeit im Rahmen studentischer Qualifizierungsarbeiten.

Prof. Alexander Eychmüller danke ich für die wissenschaftliche Betreuung meiner Arbeit, den Zugang zu den Messgeräten und Laborräumen der Physikalischen Chemie. Die wertvollen Anregungen aus naturwissenschaftlicher Sicht von Prof. Eychmüller und seinen hilfsbereiten Mitarbeitern habe ich immer sehr geschätzt.

Mein Dank gilt meinen Kollegen der First Sensor Microelectronic Packaging GmbH, insbesondere denen der Entwicklung, für die Unterstützung meiner wissenschaftlichen Arbeit und für das entgegengebrachte Vertrauen.

Für die Durchführung der Wasserdampf-Durchlässigkeitsmessung danke ich Dr. Harald Beese vom Fraunhofer IWS Dresden.

Meinem Mann Dirk Friedrich, meinem Sohn Oskar, meinen Eltern Karin und Werner Kirsten und meiner Schwester Anne Martin danke ich herzlich für die Liebe und die Selbstverständlichkeit, mit der sie immer für mich da sind. Außerdem verdanke ich ihnen den Blick für „die wirklich wichtigen Dinge des Lebens".

INHALTSVERZEICHNIS

Abkürzungsverzeichnis

AAA	abdominesses Aortenaneurysma
ACA	anisotrop leitfähiger Klebstoff (engl. anisotropic-conductive adhesive)
ALT	beschleunigte Lebensdauertest (engl. accelerated life testing)
ASIC	anwendungsspezifische integrierte Schaltung (engl. application specific integrated circuit)
ATR	abgeschwächte Totalreflexion (engl. attenuated total reflectance)
AVT	Aufbau- und Verbindungstechnik der Elektronik
BE	Bauelement
BIF	Barriereverbesserungsfaktor (engl. Barrier Improvement Factor)
BioAVT	biokompatible Aufbau- und Verbindungstechnik der Elektronik
BMBF	Bundesministerium für Bildung und Forschung
DI	deionisiert
DLC	diamantähnlicher amorpher Kohlenstoff (engl. diamond like carbon)
EO	Ethylenoxid
ESiMED	Entwurfsplattform für System-in-Package in medizintechnischen Anwendungen
EVAR	endovaskuläre Aneurysmareparatur
FSP	First Sensor Microelectronic Packaging GmbH
FT	Fourier-Transformation
HALT	beschleunigte Grenzlastprüfung (engl. highly accelerated life test)
HASS	Sortierprüfung bei stark erhöhter Belastung (engl. highly accelerated stress screening)

HAST	Prüfung bei stark erhöhter Belastung (engl. highly accelerated stress test)
HTOL	High-temperature-operating-life
ICA	isotrop leitfähiger Klebstoff (engl. isotropic-conductive adhesive)
IR	Infrarot
ITO	Indiumzinnoxid (engl. indium tin oxide)
LCP	Flüssigkristallpolymer (engl. liquid crystal polymer)
MPG	Medizinproduktegesetz
MTTF	mittlere Betriebsdauer (engl. mean time to failure)
NCA	nicht leitfähiger Klebstoff (engl. non-conductive adhesive)
NMR	Kernspinresonanz (engl. nuclear magnetic resonance)
PA	Polyamid
PBS	phosphatgepufferte Salzlösung (engl. phosphate buffered saline)
PDMS	Polydimethylsiloxan
PE	Polyethylen
PEEK	Polyetheretherketon
PEN	Polyethylennaphthalat
PET	Polyethylenterephthalat (Polyester)
PI	Polyimid
PTFE	Polytetrafluorethylen
PU	Polyurethan
PVC	Polyvinylchlorid
PVD	physikalische Gasphasenabscheidung (engl. physical vapor deposition)
PVF	Polyvinylfluorid
THB	Temperature-humidity-bias
USP	United States Pharmacopeia
WDD	Wasserdampfdurchlässigkeit

Symbolverzeichnis

A	Fläche
B	Beschleunigungsquotient
D	Diffusionskoeffizient
E	Energie
EF	Einflussfaktor
E_a	Aktivierungsenergie
F	Kraft
F_a	Faradaykonstante
I	Lichtintensität
J	Stromdichte (Diffusionsfluss)
K	phänomenologische Konstante
L	Wasserlöslichkeit
M	Wasseraufnahme
$MTTF$	mittlere Lebensdauer
P	Permeabilitätskoeffizient
P_{180°	Haftkraft
Q	Volumenstrom
R	Gaskonstante
RH	relative Feuchte
RR	Reaktionsrate
S	Löslichkeitskoeffizient
T	absolute Temperatur
T_r	Transmission
V	Volumen
WDD	Wasserdampfdurchlässigkeit
W_A	Adhäsionsarbeit
Θ	Kontaktwinkel
ϵ_λ	Extinktionskoeffizient
κ	elektrische Leitfähigkeit
λ	Ionenäquivalentleitfähigkeit
μ	chemische Potentialdifferenz
σ	Haftfestigkeit
σ_s / σ_{sl} / σ_l	Oberflächenspannung
ϑ	Temperatur

$\tilde{\nu}$	Wellenzahl
a	thermodynamische Aktivität
b	Breite
c	Konzentration
d	Schichtdicke
f	Frequenz
h	Plancksches Wirkungsquantum
i	*Van't-Hoff*-Faktor
k	*Boltzmann*-Konstante
l	Länge
m	Masse
n	Stoffmenge
p	Druck
r	Korrelationskoeffizient
t	Zeit
u	Beweglichkeit
x	Weg
z	Ladungszahl

Einleitung und Motivation

1

1.1 Aktive, mikroelektronische Implantate

Implantate sind Medizinprodukte, die eingeschränkte oder vollständig ausgefallene natürliche Funktionen des menschlichen Körpers ersetzen oder unterstützen, indem sie für eine bestimmte Zeit oder dauerhaft in den Körper eingebracht werden. Dabei wird zwischen passiven (ohne Hilfsenergie arbeitenden) oder aktiven (mit Hilfsenergie arbeitenden) Implantaten unterschieden, wobei im Folgenden letztere betrachtet werden. Diese mikroelektronischen Implantate sind mit einer Energieversorgungseinheit ausgestattet und stellen besonders hohe Anforderungen an die Patientensicherheit, die Biokompatibilität, die Biostabilität, die Produktzuverlässigkeit und den Betrieb der Medizinprodukte während ihrer Nutzungsdauer.
Die Europäischen Richtlinien für den Umgang mit Medizinprodukten

- 90/385/EWG: Richtlinie des Rates vom 20. Juni 1990 zur Angleichung der Rechtsvorschriften der Mitgliedstaaten über aktive implantierbare medizinische Geräte,
- 93/42/EWG: Richtlinie des Rates vom 14. Juni 1993 über Medizinprodukte und
- 98/79/EG: Richtlinie des Europäischen Parlaments und des Rates vom 27. Oktober 1998 über In-vitro-Diagnostika

regeln insbesondere in den *Grundlegenden Anforderungen* die Schritte zur Produktsicherheit, welche im deutschen *Gesetz über Medizinprodukte* (Fassung vom 07.08.2002, zuletzt geändert 07.08.2013) fixiert sind [14].
Vor allem bei der Neu- und Weiterentwicklung aktiver Implantate machen sich unzureichende Rechtsvorschriften und fehlende Roadmaps erheblich bemerkbar, da außerordentlich hohe Anforderungen an die Materialauswahl, die Miniaturisierung der Implantate sowie der einzelnen Komponenten, an eine langlebige Energieversorgungseinheit und die drahtlose Daten- und Energieübertragung gestellt werden. Im Prozess der Entwurfsphase des Medizinprodukts können die für das Konformitätsverfahren meist benötigten *Benannten Stellen*[1] keinen effektiven Beitrag leisten.

[1] Zitat DIMDI [153]: „*Benannte Stellen* sind staatlich autorisierte Stellen, die - abhängig von der Risikoklasse der Medizinprodukte - Prüfungen und Bewertungen im Rahmen der vom Hersteller durchzuführenden Konformitätsbewertung durchführen und deren Korrektheit nach einheitlichen Bewertungsmaßstäben bescheinigen."

Die angewandte Forschung profitiert von der fortschreitenden Miniaturisierung und den Innovationen in der Mikroelektronik, die die Entwicklung neuer aktiver, mikroelektronischer Implantate für verschiedenste diagnostische und therapeutische Anwendungen begünstigen. Dabei erstrecken sich die Einsatzbereiche von Neuroprothesen für die Stimulation und das Monitoring von Nervengewebe [116, 117, 131, 138], über Hör- und Sehprothesen [106, 136], implantierbare Sensoren für das dauerhafte Monitoring von Vitalparametern [140, 145], Medikamentenpumpen bis hin zu Prothesen, deren Zustand mithilfe von Druck-, Temperatur- und Abstandssensoren überwacht werden [58, 69, 123] (siehe Abbildung 1.1).

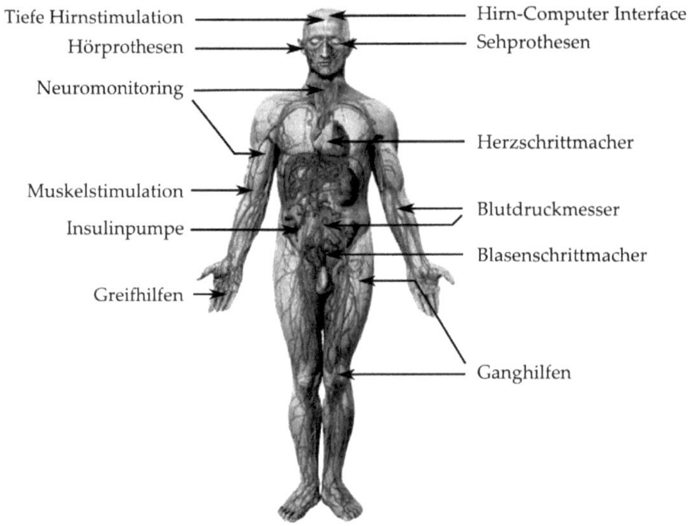

Abbildung 1.1: Beispiele des Einsatzes mikroelektronischer Implantate im menschlichen Körper (nach DATA BECKER Art.-Nr. 446972 und T. Stieglitz)

Die wesentlichen Komponenten und Einflussfaktoren, die für ein mikroelektronisches Implantat charakteristisch sind, zeigt Abbildung 1.2 schematisch.
Dabei beschreibt die biologische Umgebung den Anwendungsort, in dem das mikroelektronische Implantat eingebracht wird, und die technische Umgebung das extrakorporale System, das der Auswertung und Darstellung der übertragenen Daten sowie der Bereitstellung der Hilfsenergie dient.
Sensoren und Aktoren fungieren typischerweise an der Schnittstelle zum Empfängergewebe, um bestimmte funktionelle Aufgaben zwischen dem Implantat und der biologischen Umgebung zu erfüllen. Des Weiteren sind eine Elektronikeinheit für die Daten- und Signalverarbeitung sowie für die drahtlose Daten- und Energieübertragung vorgesehen [49].
Möglich ist auch eine interne Energiegewinnung, z. B. aus Temperaturgradienten oder Bewegungsenergie, wobei sich solche Lösungen noch im Forschungsstadium befinden.

Die drahtlose Kommunikation zwischen dem Implantat und der extrakorporalen technischen Umgebung löst die Aufgaben des Datentransfers und unter Umständen der Energieversorgung.

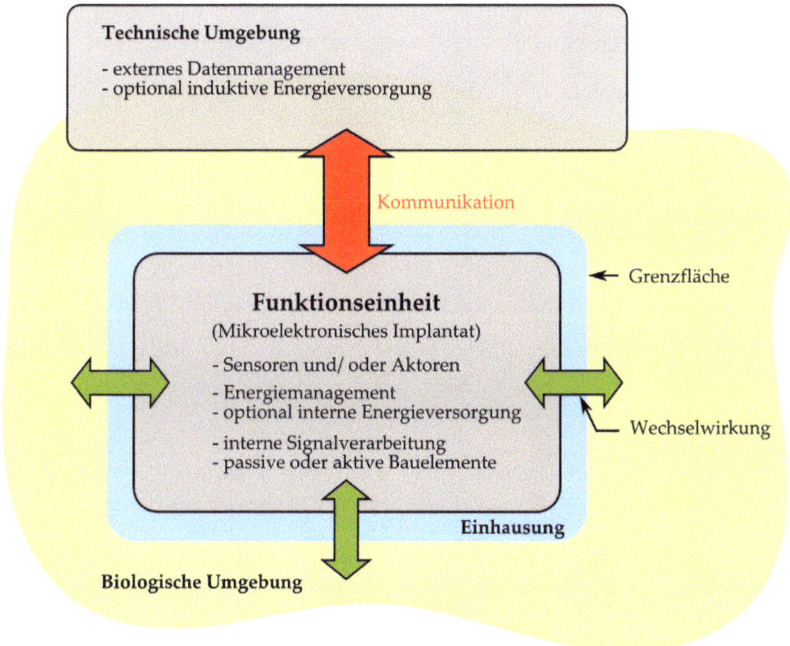

Abbildung 1.2: Komponenten und Einflussfaktoren eines mikroelektronischen Implantats in seiner Anwendungsumgebung

Aufgrund der Tatsache, dass die genannten Komponenten weder biokompatibel noch beständig gegen die aggressive biologische Umgebung (biostabil) sind [64, 141], ist die Einhausung, die die elektronischen Komponenten umgibt, ein außerordentlich wichtiger Bestandteil eines mikroelektronischen Implantates. Die Einhausung bildet dabei die Grenzfläche des Implantates zur biologischen Umgebung und ist ein bedeutender Forschungsgegenstand für die biokompatible Aufbau- und Verbindungstechnik der Elektronik (BioAVT).

Die Grenzfläche ist geprägt durch Wechselwirkungen zwischen der biologischen und der technischen Materie, die durch die Begriffe Biokompatibilität und Biostabilität bestimmt werden. Beide material- und energiespezifischen Sachverhalte bedingen einander und beeinflussen im Wesentlichen die Funktionsdauer des Implantates.

Prinzipiell wird zwischen hermetischen und nicht-hermetischen Einhausungen mikroelektronischer Implantate differenziert [134], deren grundlegende Unterschiede am Beispiel eines schematisch dargestellten aktiven Medizinproduktes in der Abbildung 1.3 gezeigt werden.

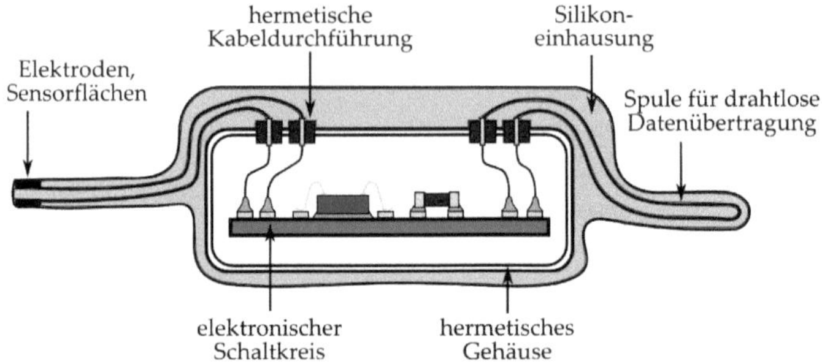

(a) Hermetische Einhausung auf Systemebene: elektronische BE werden innerhalb eines hermetischen Gehäuses platziert, Elektroden, Sensoren und Spulen werden über Kabeldurchführungen mit der elektronischen Schaltung verbunden

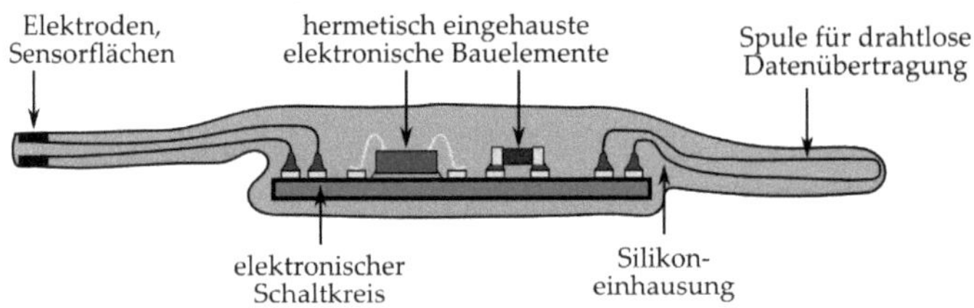

(b) Nicht-hermetische Einhausung auf Systemebene mit hermetischer Einhausung der Bauelemente

Abbildung 1.3: Hermetische (a) und nicht-hermetische Einhausung (b) von mikroelektronischen Implantaten, nach [134]

Hermetische Gehäuse sind typischerweise aus Gläsern, Keramiken (Aluminiumoxid, Zirconiumdioxid) oder Metallen (Titanlegierungen, Edelstahl) gefertigt [54] und umschließen alle elektronischen Komponenten. Außerhalb dessen befinden sich nur solche Komponenten wie Sensoren, Aktoren und Spulen, die mit der Umgebung interagieren. Diese sind mithilfe von technisch sehr aufwendigen Kabeldurchführungen mit der Elektronikeinheit innerhalb des Gehäuses verbunden [57].
Der Herzschrittmacher mit dem Titangehäuse und den Kabeldurchführungen für die angeschlossenen Elektroden ist das bekannteste Beispiel für eine solche Einhausung und spiegelt den anerkannten Stand der Technik für die Einhausung mikroelektronischer Implantate wider [86]. Insbesondere die sehr guten hermetischen und biokompatiblen Eigenschaften begründen deren Einsatz für Langzeitimplantate mit einer Funktionsdauer von mehreren Jahren. Allerdings sind die Miniaturisierbarkeit des Implantates und die Anpassbarkeit der mechanischen Eigenschaften an das Empfängergewebe bei hermetischen Gehäusen begrenzt. Aus diesem Grund gewinnen nicht-hermetische Einhausungen zunehmend an Bedeutung und sind Gegenstand intensiver Forschungen.
Verschiedene polymere Einhausungsmaterialien (Silikon, Parylen, Polyethylen (PE), Polyvinylchlorid (PVC), Polyurethan (PU)) können die Anforderungen an Miniaturisierung

und angepasster mechanischer sowie elektrischer Eigenschaften erfüllen. Außerdem kann auf gesonderte Kabeldurchführungen verzichtet werden. Herausforderungen liegen allerdings in der deutlichen höheren Permeabilität von Ladungsträgern, insbesondere Ionen aus den Elektrolyten der Körperflüssigkeiten, durch die Polymere im Vergleich zu Gläsern, Keramiken oder Metallen [139]. Dieser Umstand begrenzt deren erfolgreichen Einsatz bisher auf einfache Schaltkreise mit niedrigen Versorgungsspannungen und geringer Implantationsdauer [57].

1.2 Anwendungsbeispiel eines flexiblen Drucksensormoduls für einen Stentgraft

Das vom Bundesministerium für Bildung und Forschung (BMBF) geförderte Vorhaben *Entwurfsplattform für System-in-Package in medizintechnischen Anwendungen (ESiMED)* beinhaltete unter anderem den Aufbau eines flexiblen Drucksensormoduls für die Integration in einem Stentgraft. Teilziel des Projektes war es, eine solche Gefäßprothese mit Drucksensoren auszustatten, um eine mehrdimensionale Aufzeichnung der Druckverhältnisse in dem ausgeschalteten Aneurysmasack zu erlauben (siehe Abb. 1.4).

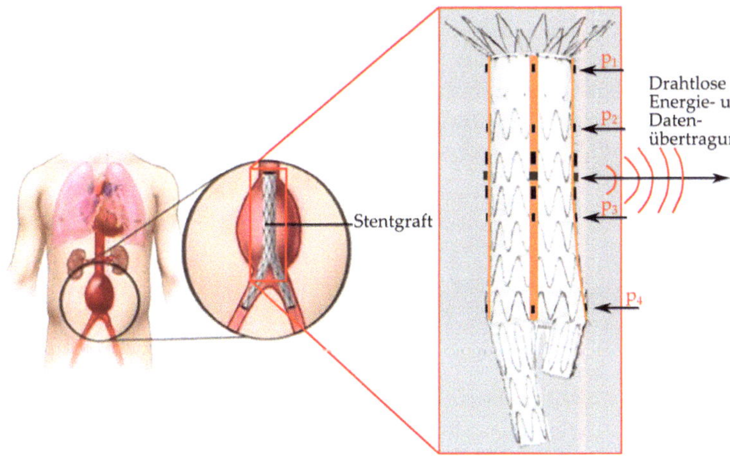

Abbildung 1.4: Prinzipskizze der drahtlosen Drucküberwachung am Stentgraft [92]

Eine sogenannte Endoleckage, bei der auch nach der Platzierung des endovaskulären Stentgrafts (endovaskuläre Aneurysmareparatur (EVAR)) Blut in den ausgeschalteten Aneurysmasack fließt, kann zu einer lebensbedrohlichen Ruptur des Gefäßes führen und wird deshalb in regelmäßigen Abständen unter Kontrastmittelgabe mittels Computertomografie untersucht [31]. Da die Druckverhältnisse im ausgeschalteten Aneurysmasack mit einer Endoleckage korrelieren, soll mithilfe der flexiblen Drucksensormodule am Stentgraft ein nicht invasives, kontinuierliches Monitoring des Therapieerfolges zum Beispiel unter Verwendung eines Smartphones ermöglicht werden. Das Teilvorhaben

Aufbau- und Verbindungstechnik der Elektronik (AVT) wurde von der Firma First Sensor Microelectronic Packaging GmbH (FSP) bearbeitet und durch diese Promotionsarbeit unterstützt. Die wesentlichen Aufgabenschwerpunkte umfassten

- die Konstruktion des Drucksensormoduls,
- die Materialauswahl und
- die Auswahl einer geeigneten Kontaktierungs-, Montage- und Einhausungstechnologie.

Das finale Drucksensormodul mit drahtloser Daten- und Energieübertragung sollte vier Drucksensoren (Micro-Machined Capacitive Absolute Pressure Sensor, Hersteller Protron Mikrotechnik GmbH), eine anwendungsspezifische integrierte Schaltung (engl. application specific integrated circuit) (ASIC) sowie verschiedene passive BE umfassen. Vier dieser Module sollten direkt an einem Stentgraft montiert werden. Daraus ergeben sich zwei wesentliche Anforderungen, die die AVT bestimmen:

- Miniaturisierung und
- Flexibilität des Gesamtaufbaus.

Im Rahmen dieser Arbeit wurden verschiedene Technologie- und Montagekonzepte erarbeitet und geeignete Materialien bestimmt. Grundlage dafür bildete ein flexiber Schaltungsträger. Im Vergleich zum Drahtbonden ließ sich die Flip-Chip-Technologie (siehe Abbildung 1.5) in einem Variantenvergleich als die zuverlässigere und platzsparendere Kontaktierungs- und Montagetechnologie einstufen.

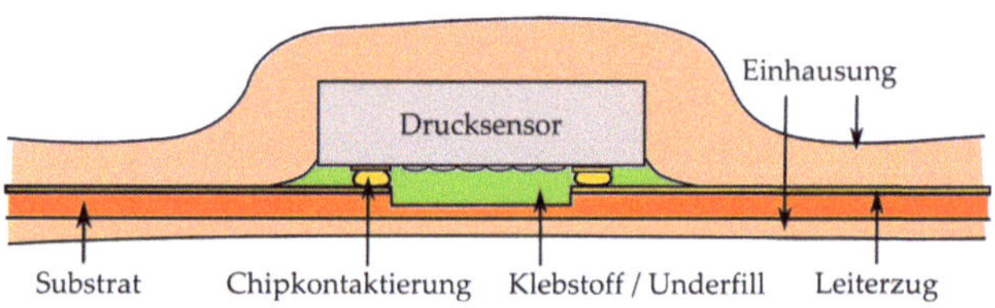

Abbildung 1.5: Schematische Darstellung der AVT am Beispiel eines Drucksensors als Bestandteil eines Moduls

Aus der Literatur sind verschiedene Systeme bekannt, die ebenfalls den Druck innerhalb des Aneurysmasacks überwachen. Allerdings ist bei keinem eine Messung der Druckverteilung vorgesehen [58, 105, 130].
Typischerweise wurde die Einhausung als starres Gehäuse ausgeführt, was aufgrund des jeweils verwendeten Sensors möglich war. Zum einen wurde ein kommerzieller Sensor (ImPressure Sensor, Hersteller Remon Medical Technologies) eingesetzt, der auf dem piezoelektrischen Effekt beruht [105]. Zum anderen erfolgte die Messung des veränderlichen Drucks über flexible Platten innerhalb des hermetischen Gehäuses, die zu einer druckabhängigen Verstimmung eines elektrischen Resonators führten [58]. Eine nichthermetische Einhausung ist bei dem *abdominesses Aortenaneurysma (AAA) Drucksensor*

der RWTH Aachen (siehe Abbildung 1.6) zu finden. Dieser wurde auf einem Polyimid (PI)-Substrat mit Goldleiterzügen aufgebaut und in Silikon und Parylene verkapselt. Bemerkenswert ist die Flexibilität des Gesamtaufbaus, die eine mechanische Anpassung an die elastischen Gefäßwände erlaubt.

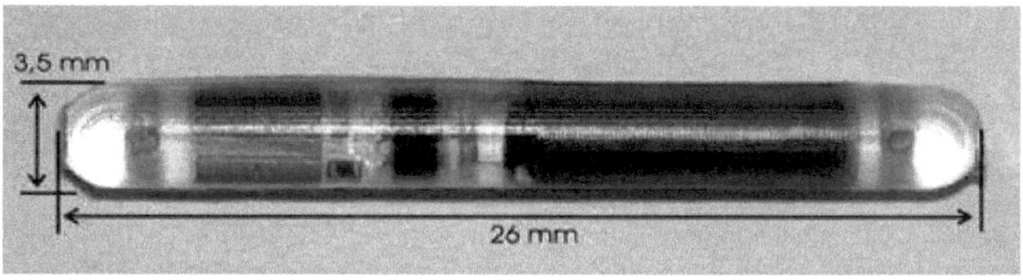

Abbildung 1.6: Implantierbarer AAA Drucksensor des Helmholtz Institutes, RWTH Aachen [130] mit einer nicht-hermetischen Einhausung aus Silikon und Parylene C

Die folgenden Ausführungen beziehen sich auf das Anwendungsbeispiel des flexiblen Drucksensormoduls, insbesondere auf die in Abbildung 1.5 schematisch aufgezeigte Montagetechnologie. Die Mitarbeit an diesem Teilvorhaben beschränkte sich vorrangig auf die Fragestellungen der biologischen Verträglichkeit der Materialien, Bauelemente, Funktionseinheiten und Gehäusewerkstoffe.

1.3 Anforderungen an die BioAVT

Gegenstand der BioAVT als ein wissenschaftliches Sondergebiet der AVT sind Systemlösungen für elektronische Produkte in einer biologischen oder medizinischen Umgebung, der seit Jahrzehnten beforscht wird [67, 76]. Wie im Abschnitt 1.1 ausgeführt, zählen mikroelektronische Implantate zu den risikoreichsten sowie technisch anspruchsvollsten Medizinprodukten und stellen damit sehr hohe Ansprüche an die BioAVT unter Berücksichtigung der im Anhang I des geltenden Medizinprodukterechts aufgeführten *Grundlegenden Anforderungen* an die Sicherheit, den Gesundheits- und den Umweltschutz. Im Wesentlichen unterscheidet sich die BioAVT von der klassischen AVT hinsichtlich der Anforderungen an die Biokompatibilität und die Biostabilität der Werkstoffe und Komponenten, die in einem direkten Kontakt mit der biologischen Umgebung stehen. Spezifiziert sind die Besonderheiten in genanntem Anhang I als *Anforderungen an die Auslegung und die Konstruktion* u. a. mit den Schwerpunkten:

1. chemische, physikalische und biologische Eigenschaften,
2. Infektion und mikrobielle Kontamination,
3. Messfunktionen,
4. Schutz vor Strahlungen sowie
5. externe oder interner Energieversorgung.

1.3.1 Biokompatiblität

Der Begriff der Biokompatibilität ist definiert als die Verträglichkeit zwischen einem biologischen und einem technischen System [55]. Ein biokompatibles Material oder Medizinprodukt ist dadurch gekennzeichnet, dass

- seine physikalischen, chemischen und mechanischen Eigenschaften an das biologische System angepasst sind,
- Wirkstoffe in nicht-toxischen Konzentrationen herausgelöst werden und
- nur eine schwache Fremdkörperreaktion stattfindet, die zum Beispiel eine Verkapselung des Implantates in Bindegewebe verursacht [126].

Im Umkehrschluss ist ein Material oder Medizinprodukt dann inkompatibel, wenn

- Wirkstoffe in toxischen Konzentrationen oder Antigene herausgelöst werden und
- eine Immunreaktion des Körper (Allergie, Nekrose, Entzündung) hervorgerufen wird [126].

Der geforderte Umfang der Biokompatibilität richtet sich nach dem Einsatzort und der Einsatzdauer des Medizinproduktes. Genaue Vorgaben sind im Medizinproduktegesetz (MPG)[2] (Klassifizierungskriterien) und im Standard DIN EN ISO 10993-1:2010-04 (*Biologische Beurteilung von Medizinprodukten - Teil 1: Beurteilung und Prüfungen im Rahmen eines Risikomanagementprozesses*), Anhang IX zu finden. Demnach sind für implantierbare Produkte, die sich in einem dauernden (länger als 30 Tage) Körperkontakt befinden, die umfangreichsten Produktprüfungen zur Beurteilung der biologischen Sicherheit erforderlich. Ein vergleichbarer Standard, der auf dem internationalen Markt gebräuchlich ist, wird von dem amerikanischen Institut United States Pharmacopeia (USP) erstellt. Eine Prüfung nach USP Class VI ist weniger umfangreich als eine nach DIN EN ISO 10993, wie Abbildung 1.7 verdeutlicht.
Anwendungsaspekte der Medizinprodukte sind ursächlich für die Differenzierung des Begriffs der Biokompatibilität in Oberflächen- und Strukturkompatibilität [55]. Dabei wird die biologische, chemische, physikalische und morphologische Assimilation der Implantatoberfläche an die biologische Umgebung unter dem Begriff der Oberflächenkompatibilität zusammengefasst.
Mithilfe einer dem Empfängergewebe kompatiblen Oberfläche können gezielte Wechselwirkungen hervorgerufen werden. Der Fremdkörperreaktion des biologischen Systems auf das technische System ist eine besondere Bedeutung beizumessen, da diese durch Anlagerung von Proteinen, Makrophagen, Riesenzellen an der Implantatoberfläche im Wesentlichen von den Oberflächeneigenschaften bestimmt wird [59].
Die Strukturkompatibilität beinhaltet die mechanische Anpassung des technischen Systems an das Empfängergewebe hinsichtlich der geometrischen Gestalt und der strukturellen Eigenschaften. Auf diese Weise kann eine mechanische Diskrepanz vermieden

[2] Richtlinie 93/42/EWG des Rates vom 14. Juni 1993 über Medizinprodukte, konsolidierte Fassung vom 21.09.2007

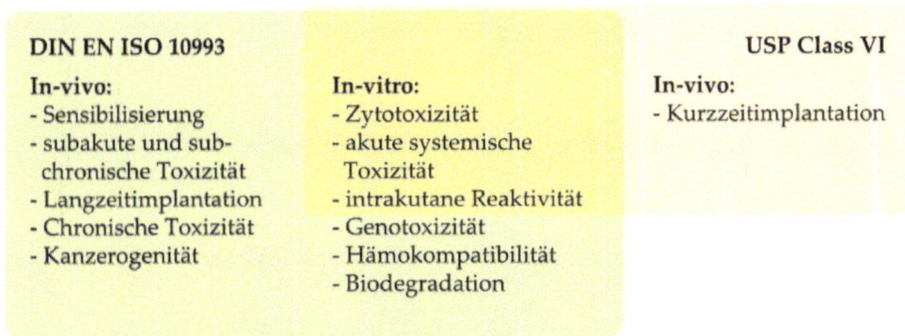

Abbildung 1.7: Gegenüberstellung der erforderlichen Prüfungen nach DIN EN ISO 10993-1:2010-04, Tabelle A.1 - *Bei der Beurteilung in Erwägung zu ziehende Prüfungen* und USP Class VI, nach [22]

werden, die anderenfalls zur Bildung von Narbengewebe führt, wie es zum Beispiel bei Neuroprothesen zu beobachten ist [97]. Die hochkomplexen in-vivo Prozesse, die in einer bestimmten zeitlichen Abfolge an der Grenzfläche zum Implantat erfolgen, werden an dieser Stelle nicht weiter ausgeführt. Es sei aber auf weiterführende Informationen in den Quellen [1, 148] verwiesen.

1.3.2 Biostabilität und Langzeitstabilität

Unter Biostabilität wird die relative Beständigkeit eines körperfremden Materials in einer physiologischen Umgebung in Abhängigkeit von der Zeit verstanden [60]. Die Beurteilung erfolgt anhand der chemischen, physikalischen, mechanischen und strukturellen Eigenschaften des Implantates, die sich aufgrund von physiologischen Wechselwirkungen innerhalb des vorgesehenen Implantationszeitraums nicht unzulässig verändern dürfen.

Das Empfängergewebe stellt für jedes Implantat eine aggressive, biologische Umgebung dar, die durch eine Körpertemperatur von 37 °C und bestimmten Körperflüssigkeiten, Zellen, Gewebe sowie Proteinen und Eiweißen geprägt ist [12]. Körperflüssigkeiten wie zum Beispiel die extrazelluläre Flüssigkeit, Blutplasma, Speichel, Magensäure oder Urin enthalten im Wesentlichen Elektrolytlösungen unterschiedlicher ionischer Zusammensetzung, sowie Proteine und Stoffwechselprodukte [55].

Wird ein Implantat in den Körper eingebracht, finden eine Vielzahl von Wechselwirkungen zwischen biologischer Umgebung und dem Implantat statt. Abbildung 1.8 stellt diesen Sachverhalt stark vereinfacht dar und reduziert die äußerst komplexen Prozesse an der Grenzfläche auf das Einwirken wesentlicher Bestandteile zweier vollständig verschiedener Systeme aufeinander.

Der Begriff der Langzeitstabilität impliziert zum einen die Definition der Biostabilität und präzisiert die zeitliche Forderung nach einem dauernden Kontakt des Implantates mit dem Körper. Diese Anforderung ist besonders für Implantate mit einer vorgesehenen in-vivo Funktionsdauer von mehreren Jahren zu berücksichtigen und bedeutet außerordentliche Herausforderungen an die Materialauswahl, modernste Bauelemente

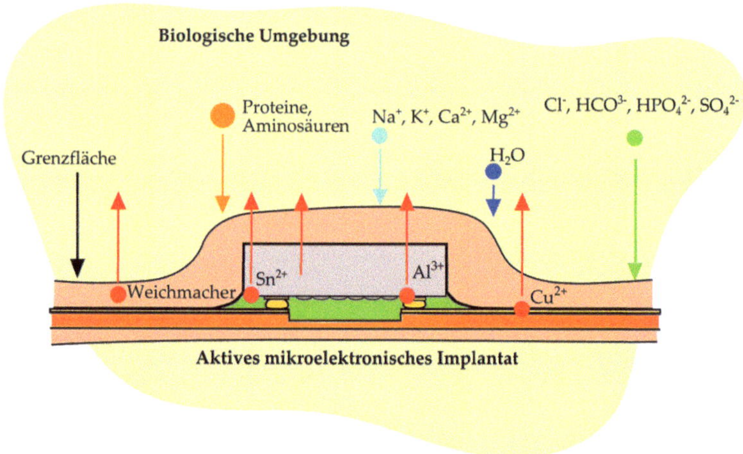

Abbildung 1.8: Schematische Darstellung der Wechselwirkungen an der Grenzfläche zwischen einer biologischen Umgebung und einem aktiven mikroelektronischen Implantat

und –gruppen, eine sehr ausgereifte Fertigungstechnologie und höchste Ansprüche an die Qualitätssicherung. Zum anderen ist unter Langzeitstabilität auch die Alterungsbeständigkeit der relevanten chemischen, mechanischen, elektrischen und biologischen Eigenschaften der Einhausung zu verstehen.

1.3.3 Sterilisation von Medizinprodukten

Der Anwendung des Implantates geschuldet, steht am Ende des Fertigungsprozesses die Produktsterilisation, um schädliche Mikroorganismen auf dem Produkt abzutöten. Ein Produkt ist nach der Norm DIN EN 556-1:2002-03 *Sterilisation von Medizinprodukten* dann als steril zu bezeichnen, wenn lebensfähige Mikroorganismen auf dessen Oberfläche mit einer Wahrscheinlichkeit von weniger als 1 ppm zu finden sind [155].
Die verschiedenen Sterilisationsverfahren lassen sich in thermische, chemische und physikalische Verfahren unterscheiden. Das für das jeweilige Medizinprodukt geeignete Verfahren muss anhand der verschiedenen Vor- und Nachteile gewählt werden. In der Tabelle A.1 auf Seite 126 sind ausgewählte Sterilisatonsverfahren mit ihren wesentlichen Eigenschaften aufgeführt.
Die Dampfsterilisation ist aufgrund der einfachen Handhabung und der ausschließlichen Anwendung von Wasserdampf und Überdruck ein bevorzugtes Standardverfahren. Zu prüfen ist, ob die hohen Prozesstemperaturen von 121 °C und 134 °C unzulässigen Veränderungen der Materialien oder des Materialverbundes im Produkt hervorrufen.
Die Ethylenoxid (EO)-Sterilisation findet bei geringen Temperaturen statt ((37 bis 60) °C) und ist deshalb besser für thermosensible Materialien geeignet. Allerdings besitzt das

EO eine große Penetrationsfähigkeit und ist ein Gefahrenstoff. Aus diesem Grund sind insbesondere bei polymeren Werkstoffen lange Desorptionszeiten erforderlich.
Die Plasmasterilisation hinterlässt hingegen keine toxischen Rückstände auf dem Sterilgut und kommt ebenfalls mit geringeren Prozesstemperaturen im Bereich von (37 bis 60) °C aus. Dennoch ist dieses materialschonende Verfahren in Deutschland bisher nicht zugelassen.
Eine Gammastrahlensterilisation ist besonders effizient aufgrund der hohen Eindringtiefe der ionisierenden Strahlung. Untersuchungen haben gezeigt, dass die Strahlungsenergie zu Funktionsausfällen in Halbleiterbauelementen führten. Deshalb kann das Verfahren für aktive Implantate nicht angewendet werden [165]. Außerdem führt die ionisierende Strahlung im Polymer üblicherweise zu einer nachträglichen Vernetzung und damit zu einer Eigenschaftsänderung, deren Ausmaß zu verifizieren ist.

1.3.4 Schutzfunktion der Einhausung

Der Einhausung eines mikroelektronischen Implantates wird eine besondere Bedeutung beigemessen, da durch sie das Ausmaß der nachteiligen Folgen von Wechselwirkungen an der Grenzfläche zwischen dem technischen und dem biologischen System bestimmt wird. In diesem Zusammenhang wird der Begriff der Schutzfunktion definiert und umfasst die bidirektionale Unterdrückung schädlicher Wechselwirkungen. Somit schließt diese Definition eine Reihe von Anforderungen ein, die an die Formgestaltung der Einhausung, die verwendeten Materialien und die AVT gestellt werden.
Die Abbildung 1.9 beschreibt die relevanten Merkmale, die für die Schutzfunktion der Produkteinhausung von Bedeutung sind.

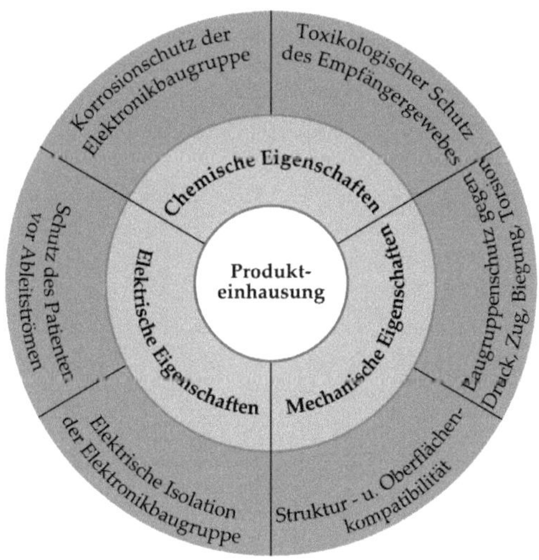

Abbildung 1.9: Visuelle Darstellung der Schutzfunktion

Vordergründig ist das Empfängergewebe vor den toxisch wirkenden Stoffen des mikroelektronischen Implantates zu schützen sowie die korrosionsempfindlichen elektronischen Komponenten vor der aggressiven biologischen Umgebung abzuschirmen [42]. Daraus ergibt sich, dass die verwendeten Einhausungsmaterialien eine hohe Diffusionsbarriere gegenüber Wassermolekülen und Ionen aufweisen müssen [23, 147]. Ein konstantes Barriereverhalten ist demnach während des vorgesehenen Funktionszeitraums des Implantates eine wichtige Voraussetzung für den Schutz sowohl des Produkts als auch der Patienten.
Darüber hinaus muss die Einhausung eine mechanische Anpassung des Implantates an das Empfängergewebe gewährleisten. Diese Anforderung bezieht sich zum einen auf die mechanischen Eigenschaften des Einhausungsmaterials und zum anderen auf die äußere Formgestaltung des Implantates. Weiterhin dient die Einhausung dem Schutz der Elektronikeinheit vor mechanischer Überbeanspruchung (Druck, Zug, Torsion, Biegung), die zum Beispiel aufgrund von Patientenbewegung auftritt [42].
Die Einhausung aktiver Implantate fungiert außerdem als elektrische Isolation. Damit sind sowohl der Schutz des Patienten vor dauerhaft oder im Fehlerfall fließenden Ableitströmen, als auch die elektrische Abschirmung der elektronischen Komponenten vom Empfängergewebe gemeint. Entsprechend der Norm DIN EN 45502-1:2016-02 *Aktive implantierbare medizinische Geräte* muss der Dauerableitstrom eines Strompfades kleiner als 1 µA sein [154].

1.4 Strategiewechsel in der BioAVT

Im Entwicklungsprozess eines Mikrosystems ist der Anteil der AVT-Entwicklung einer der teuersten und beeinflusst ausschlaggebend die Zuverlässigkeit sowie die Funktion des Produktes [108]. Für den Aufbau flexibler mikroelektronischer Implantate, wie zum Beispiel dem Drucksensormodul für den Stentgraft, sind Miniaturisierung und Flexibilität konstruktive und funktionelle Anforderungen, die zusätzlich zu den in Abschnitt 1.3 genannten Kriterien zu berücksichtigen sind.
Der etablierte Standard, beruhend auf einer hermetischen Einhausung auf Systemebene (vergleiche Abbildung 1.3), erlaubt die Verwendung klassischer Materialien und Technologien für die AVT der elektronischen Schaltkreise, was jedoch den Anforderungen an Miniaturisierung und Flexibilität entgegen steht. Außerdem wirken diese Materialien (Lotwerkstoffe, Substratmaterialien, Klebstoffe, Metalle und Halbleiter), die in der klassischen AVT eingesetzt werden, mit wenigen Ausnahmen toxisch [141] und kommen für nicht-hermetische Einhausungskonzepte nicht infrage. Für den Einsatz einer nicht-hermetischen Einhausung ist ein Strategiewechsel in der Produktentwicklung in Anlehnung an das *Chip-Package Co-Design* erforderlich, der sich auf zwei Ebenen abbildet:

1. die Entwicklung einer biokompatiblen Packaging- und Einhausungstechnologie muss bereits parallel zur Geräteentwicklung erfolgen; und

2. biokompatible und biostabile Materialien sind bereits auf BE-ebene vorzusehen.

Dadurch wird gewährleistet, dass der Gesamtaufbau den hohen Anforderungen von aktiven Langzeitimplantaten genügen kann (vgl. Kapitel 2).
Aus der Literatur sind verschiedene Konzepte für den Aufbau flexibler mikroelektronischer Implantate bekannt. Die Auswahl der verschiedenen Funktionswerkstoffe erfolgt unter Berücksichtigung des Anwendungsortes und der Funktionsdauer. Die Tabelle 1.1 stellt den Materialien der klassischen AVT denen der BioAVT gegenüber. Dabei ist zu beachten, dass bei den unter BioAVT aufgeführten allgemeinen Materialbezeichnungen wie zum Beispiel *Silikon* Materialien gemeint sind, die entweder nach DIN EN 10993 oder USP Class VI geprüft oder entsprechend der Literatur als biokompatibel beschrieben sind.
Die Verwendung alternativer Materialien erfordert gegebenenfalls den Einsatz neuer Technologien, wie etwa den Einsatz dünner mit Laser bearbeiteter Metallstrukturen als Leiterzüge und Mikroelektroden-Arrays eines Neuroimplantates, die in Silikon eingebettet werden [112].

Tabelle 1.1: Gegenüberstellung typischer Materialien und Technologien für die Herstellung flexibler Elektronikbaugruppen (ohne Anspruch auf Vollständigkeit)

	Materialien der	
Anwendung	**herkömmlichen AVT**	**BioAVT**
Flexible Schaltungsträger	PI, PET, PEN, PVF	PI, Silikon, LCP, PET, Papier
Leiterzüge		
Dünnschichttechnik, subtraktiv	Cu, Cu/Ni/Au, Cu/Ag, Al, ITO	Au, Ti, ITO, Iridium
Dickschichttechnik, additiv	Ag/Pt, Ag/Pd, Ag/Cu, Au	PEDOT:PSS, Graphit, Au-Tinten, Pd-Tinten
Kontaktierung		
Drahtbonden	Al, Au	Au
Flip-Chip, Kleben	NCA, ICA, ACA	NCA, ICA, ACA
Löten	Cu, Sn, Zn, Ag, Pb	
Microflex interconnection		Au [135]
Kleben, Füllen	Epoxidharz, Silikon, Acrylat	Epoxidharz, Silikon
Füllstoffe (ICA, ACA)	Ag	Au, Graphit
Passivierung	SiO_2, Si_3N_4	SiO_2, Si_3N_4, TiO_2
Einhausung, Verkapselung	Epoxidharz, Parylene, Silikone	Parylene C, Silikon, Epoxidharz, PI, PTFE, DLC

1.5 Aufgabenstellung und Zielsetzung

Ausgehend von dem Anwendungsbeispiel des flexiblen Drucksensormoduls für den Stentgraft ergibt sich die Aufgabenstellung einer anwendungsspezifischen und lang-

zeitstabilen BioAVT. Miniaturisierung und Flexibilität erfordern den Einsatz einer nicht-hermetischen Einhausung. Von zentraler Bedeutung ist in diesem Zusammenhang die Betrachtung verschiedener Polymere, die als Einhausungsmaterialien infrage kommen. Aus der Definition der Schutzfunktion, die eine Einhausung unter den genannten Anforderungen gewährleisten muss, ergibt sich ein sehr spezifisches Forschungsfeld, wie es in Kapitel 2 beschrieben wird.
Ziel dieser Arbeit ist die Bestimmung der Schutzwirkung biokompatibler, flexibler Einhausungsmaterialien für den Einsatz in mikroelektronischen Implantaten für eine Implantationsdauer von mehreren Jahren bis Jahrzehnten.
Dazu sind im ersten Schritt wesentliche Schwerpunkte zu ermitteln, um die Schutzwirkung der polymeren Einhausungsmaterialien unter den genannten Anforderungen zu bestimmen:

1. das Barriereverhalten der Einhausungsmaterialien,
2. die Haftfestigkeit der Materialverbindungen und
3. die Schutzfunktion der Einhausungsmaterialien unter fluidischer Belastung.

Aussagen zum Barriereverhalten lassen sich anhand der Wasseraufnahme und Wasserlöslichkeit sowie der Wasserdampf- und Ionendurchlässigkeit der Polymere treffen und werden in Kapitel 3 erläutert.
Bei der Untersuchung der Haftfestigkeit der Polymere sind verschiedene Materialverbindungen und unterschiedliche Einflussfaktoren (Wasseraufnahme der Materialien, Plasmavorbehandlung und Sterilisation) zu berücksichtigen. Auf diese Weise sind Angaben zur Haftfestigkeit in einem sinnvollen Kontext möglich, wie in Kapitel 4 dargelegt.
Um die Schutzwirkung der Einhausungsmaterialien unter dem Einfluss einer biologischen Umgebung (wie zum Beispiel dem strömenden Blut im Falle des flexiblen Drucksensormoduls) abbilden zu können, ist die Entwicklung eines Versuchsstandes mit einstellbaren Versuchsbedingungen erforderlich. Durch die gezielte Anpassung verschiedener Parameter (wie die Temperatur, die Zusammensetzung der Medien) sind Untersuchungen zur beschleunigten Alterung möglich. Der Versuchsaufbau und die Ergebnisse sind in Kapitel 5 zufinden.
In ihrer Gesamtheit sind die Ergebnisse hinsichtlich der Schutzwirkung der Einhausungsmaterialien zu bewerten, um auch für zukünftige Produktentwicklungen Materialempfehlungen abzuleiten. Dazu erfolgt in Kapitel 6 eine bewertende Zusammenfassung und ein Ausblick auf zukünfige Arbeiten.
Im VDE-Expertenbericht der Deutschen Gesellschaft für Biomedizinische Technik sind die Miniaturisierung und die Digitalisierung als wesentliche Fortschrittstrends benannt [20]. In diesem Zusammenhang stehen die Entwicklung innovativer Implantate sowie der Einsatz neuer Technologien und Materialien. Damit adressiert diese Arbeit ein wichtiges Forschungsfeld für technologisch und regulatorisch anspruchsvolle Medizinprodukte.

2 Einhausung mikroelektronischer Implantate

2.1 Nicht-hermetische Einhausung

Die Verwendung von Polymeren als Einhausungsmaterialien für mikroelektronische Implantate (wie beispielhaft in Abbildung 1.3 dargestellt) ist in vielerlei Hinsicht vorteilhaft. Insbesondere

- die mechanische Anpassbarkeit an das Empfängergewebe,
- die Miniaturisierbarkeit des Implantates,
- das geringere Gewicht,
- das Entfallen aufwendiger Kabeldurchführungen,
- die kostengünstigere und technisch einfachere Prozessierbarkeit,
- die Permeabilität gegenüber elektromagnetischer Strahlung und
- die vielseitige Verwendbarkeit in der Mikrosystemtechnik

sind Triebkräfte für zahlreiche Innovationen auf dem Gebiet der nicht-hermetischen Einhausungen. Und obwohl in den letzten Jahren vielversprechende Ansätze vor allem im Bereich der Neuroprothesen und Retina-Implantate veröffentlicht wurden [57, 72, 89, 125], gibt es noch keine kommerziellen Produktlösungen, die eine Implantationsdauer von mehreren Jahren erlauben [91, 132, 142]. Die Herausforderungen bei der Verwendung von Polymeren als Einhausungsmaterialien sind in den Wechselwirkungen an der Grenzfläche zwischen dem technischen und dem biologischen System begründet. Diese werden durch die strukturellen Eigenschaften der Polymere begünstigt und äußern sich sowohl zeit- als auch materialabhängig in verschiedenem Ausmaß hinsichtlich

- ihrer Semipermeabilität gegenüber von Flüssigkeiten und Gasen sowie
- ihrer Unbeständigkeit in bestimmten Merkmalen (physikalisch, chemisch, biologisch).

2.2 Polymere Einhausungsmaterialien

Aus der Literatur ist eine Vielzahl von biokompatiblen Materialien bekannt, die für den Aufbau und die Einhausung mikroelektronischer Implantate infrage kommen. Häufig werden Epoxide, Silikone, Polyimide, Parylene, Polyurethane, Polyetheretherketon (PEEK) und Flüssigkristallpolymere (LCP) als Einhausungsmaterialien eingesetzt. Die grundlegenden Strukturformeln[1] der untersuchten Materialien sind in Abbildung 2.1 aufgezeigt. Entsprechend der Anforderungen, die sich aus der vorgesehen BioAVT des flexiblen Drucksensormoduls (siehe Abbildung 1.5 auf Seite 6) ergeben, werden im Folgenden organische Materialien beschrieben, die als flexibles Substrat oder flexible Einhausung fungieren können.

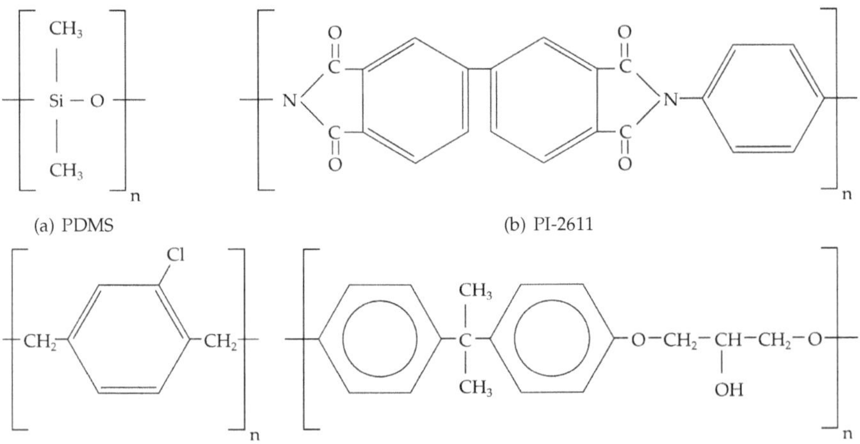

(a) PDMS (b) PI-2611

(c) Parylene C (d) Epoxidharz

Abbildung 2.1: Strukturformel der untersuchten Materialien: (a) Silikon, (b) Polyimid, (c) Parylene C, (d) Epoxidharz auf Grundlage von Bisphenol A

Die Einteilung in elastische, thermoplastische und duroplastische Polymere ist bekannt, spielt aber für die Materialauswahl eine untergeordnete Rolle. Wichtiger ist deren chemische Reinheit [163]. Außerdem sollten diese Materialien möglichst keine entzündlichen, toxischen, allergischen, karzinogenen und im Falle von Blutkontakt thrombogenen Reaktionen hervorrufen. Günstigerweise erleichtern die Hersteller durch eine Zertifizierung nach DIN EN ISO 10993 oder USP Class VI die Auswahl.
Weiterhin ist die Prozessierbarkeit für die Materialauswahl entscheidend, so wurden Materialien als Einhausungsmaterial bevorzugt, die gießfähig sind (möglichst geringe Viskosität besitzen) und deren Prozesstemperaturen unter 100 °C liegen.
Es stehen verschiedene Methoden für die Prozessierung gießfähiger Polymere zur Aus-

[1] Für Silikon und Epoxidharz erfolgt die Abbildung beispielhaft an einem ausgewählten Material. Die Strukturformeln der verwendeten Silikone und Epoxidharze unterliegen der Geheimhaltung.

wahl. Besonders verbreitet sind die Rotations- und Tauchbeschichtung (engl. spin und dip coating). Dabei hängen die erzielte Schichtdicke und die Gleichmäßigkeit der Beschichtung wesentlich von

- der Viskosität des Polymers,
- der Rotations- oder Tauchgeschwindigkeit,
- der Prozesszeit und
- der Oberflächenbeschaffenheit des Beschichtungsgutes ab.

Während bei der Rotations- und Tauchbeschichtung nur eine begrenzte Schichtdicke im nm und µm Bereich erreicht werden kann, bietet das Vergießen (engl. casting) die Möglichkeit zur Erzeugung eines dreidimensionalen Raumes mit dickeren Wandstärken. Die Herausforderungen bei dieser Technik und auch bei der Tauchbeschichtung liegen jedoch in einer blasenfreien Einhausung und einer homogenen Schichtdicke, weshalb während der Herstellung häufig unter Vakuum entgast wird. Weitere Methoden sind der Siebdruck (engl. screen printing), das Sprühbeschichten (engl. spray coating) und das Walzbeschichten (engl. roller coating) [32, 49].

Eine Ausnahme bei der Schichtbildung stellt das Parylene C dar, das durch physikalische Gasphasenabscheidung (engl. physical vapor deposition) (PVD) als konforme Schicht im nm- und µm-Bereich auf dem Beschichtungsgut allseitig abgeschieden wird.

Wie die nachfolgende Materialbeschreibung zeigt, besitzen die einzelnen Polymere sehr unterschiedliche Vor- und Nachteile, wobei die Kombination von vorteilhaften Materialeigenschaften zu günstigen Aufgabenlösungen führt. Insbesondere das Barriereverhalten, die Biokompatibilität und die Haftfestigkeit können mithilfe eines Mehrschichtsystems gezielt verbessert werden [52, 96]. Anorganische Beschichtungen sind als zusätzliche Barriere- oder auch Haftvermittlerschicht von großem Interesse, werden hier aber nicht weiter betrachtet. Eingesetzt werden unter anderem

- Metalle (Titan, Gold) [146] und
- dielektrische Materialien (Aluminiumoxid, Siliziumnitrid, Siliziumoxid) [12, 89, 147].

2.2.1 Silikon

Silikon ist eines der bekanntesten polymeren Einhausungsmaterialien und wird seit mehr als 30 Jahren zum Beispiel als Einhausung von kommerziellen Elektroden für Herzschrittmacher oder Cochlea-Implantate verwendet [67]. Der bekannteste Vertreter aus dieser Materialgruppe ist das Polydimethylsiloxan (PDMS) (siehe Abbildung 2.1), bei dem die Wiederholeinheit Siloxan durch Methylgruppen ergänzt wird. Bei Austausch der Methylgruppe durch andere Gruppen wie zum Beispiel Phenyl-, Vinyl- oder Trifluoropropyl lassen sich die Eigenschaften des Silikons gezielt variieren [86].

Vor allem die Biokompatibilität, Biostabilität, die hohe Flexibilität und die einfache Prozessierbarkeit (Rotations- und Tauchbeschichtung, Vergießen, Walzbeschichten) dieses

Materials sind für viele Anwendungen vorteilhaft [32, 75, 83, 109, 112, 127]. Die mechanischen Eigenschaften von PDMS sind mit denen von Weichgewebe vergleichbar, weshalb es für Neuroprothesen bevorzugt eingesetzt wird [72]. Untersuchungen zeigten, dass eine Implantationsdauer von zwei Jahren zu keinerlei Eigenschaftsänderungen des Materials führten [86, 150].
Der Hersteller NuSil™ vertreibt eine Vielzahl von Silikonmaterialien für medizinische Implantate. Weiterhin bietet die Firma Dow Corning ein PDMS an, dessen medizinische Verwendung in der Literatur vielfach beschrieben ist. Allerdings hat dieser Hersteller keine Zertifizierung vorgenommen.
In Tabelle 2.1 sind die Silikone aufgeführt, die in dieser Arbeit betrachtet wurden.

Tabelle 2.1: Ausgewählte Eigenschaften der untersuchten Silikone

	MED-6215	MED-6219	MED6-6606	Sylgard-184
Hersteller	NuSil™ Silicone Technology			Dow Corning
Synthese	Polykondensation			
empfohlene Prozessierung	Vergießen, Tauchbeschichten	Vergießen	Rotations- und Tauchbeschichten	Vergießen, Tauchbeschichten
Viskosität, unvernetzt	6 Pa s	30 Pa s	0,095 Pa s	3,5 Pa s
Struktur	amorph			
Dichte	1,03 g cm^{-3}	1,07 g cm^{-3}	1,11 g cm^{-3}	1,03 g cm^{-3}
Glasübergangs-temperatur	<-100 °C			
spezifischer Widerstand	k.A.	k.A.	k.A.	$2{,}9 \times 10^{14}$ Ω cm
Durchschlags-festigkeit	k.A.	k.A.	k.A.	19 kV mm^{-1}
relative Permittivität	k.A.	k.A.	k.A.	2,68 (bei 100 kHz)
Ausdehnungs-koeffizient	k.A.	k.A.	k.A.	340×10^{-6} K^{-1} (bei 25 °C)
Härte	50, Shore A	75, Shore A	20, Shore A	43, Shore A
Zugfestigkeit	9,0 MPa	8,3 MPa	8,6 MPa	6,7 MPa

2.2.2 Polyimid

Polyimid wird insbesondere in der Mikroelektronik als flexibles Schaltungsträgermaterial oder als Passivierungsschicht eingesetzt. Dabei dient es aufgrund seiner sehr guten Barriereeigenschaften und chemischen Beständigkeit als Korrosionsschutz, Ionen- und Feuchtigkeitssperre. Seiner hervorragenden mechanischen Eigenschaften wegen fungiert es auch als Schutz vor mechanischer Beschädigung [86]. In den letzten Jahren wurde

Polyimid ebenfalls für die Fertigung von Neuroprothesen eingesetzt [110, 112, 122]. Die standardmäßige Verarbeitung mittels Rotationsbeschichtung erlaubt die einfache Herstellung mehrschichtiger Aufbauten, bestehend aus Leiterzügen und / oder Elektroden eingebettet in Polyimidschichten. Es kann eine typische Aufbauhöhe von 10 µm bis 15 µm erreicht werden [131]. Mithilfe eines abgewandelten Ball-Wedge-Bond-Prozesses, der *MicroFlexInterconnection*-Technologie [135], lassen sich einzelne mikrotechnologisch hergestellte Baugruppen (wie zum Beispiel Elektroden und Elektronikeinheit) zu einem mikroelektronischen Implantat miteinander verbinden.
Es sind photostrukturierbare und nicht-photostrukturierbare Polyimide verfügbar. Die letztgenannten sind aufgrund ihrer geringeren Wasseraufnahme zu bevorzugen.
Bei dem für diese Arbeit ausgewählten Werkstoff handelt es sich um das Polyimid PI-2611 der Firma HD MicroSystems™ (siehe Abbildung 2.1), dessen Verwendung für mikroelektronische Implante in der Literatur häufig beschrieben wurde [70, 86, 133]. Dieses Material liegt in einer gießfähigen Form als Polyamidocarbonsäure in dem polaren Lösungsmittel N-Methyl-2-pyrrolidon (NMP) vor (Polykondensation zwischen Tetracarbonsäuredianhydriden und Diaminen, BPDA/PPD). Durch Verdampfen des Lösungsmittels und unter Anwendung hoher Temperaturen in Stickstoffatmosphäre erfolgt unter Wasserabspaltung die Ausbildung eines unlöslichen Polyimidfilms (*Soft Bake* bei 130 °C bis 200 °C, *Curing* bei 350 °C). Wesentliche Merkmale des Polymers sind in Tabelle 2.2 zu finden. Nachträglich lässt sich das Polyimid durch reaktives Ionenätzen oder Laserablation strukturieren [27].
Der Hersteller hat keine Zertifizierung nach den Normen DIN EN ISO 10993 oder USP Class VI vorgenommen. Dennoch wurde in der Literatur ein Nachweis für die Biokompatibilität, eine geringe Zytotoxizität und hämolytische Reaktivität erbracht [86].

2.2.3 Parylene C

Parylene ist die kommerzielle Bezeichnung für Poly-p-xylylene. Es sind verschiedene Parylene-Typen (Parylene C / N / D / F / HT) verfügbar, deren Strukturformel sich in den Substituenten unterscheidet. Für die Herstellung einer konformen, optisch transparenten, wenige Mikrometer dünnen und porenfreien Schicht ist ein zweistufiger Prozess und eine spezielle Anlagentechnik nötig:

1. Verdampfen des sogenannten Dimers bei ca. 150 °C zu einem Monomer und

2. Polymerisation (Kondensation) bei Raumtemperatur im Vakuum aus der Gasphase auf dem Beschichtungsgut.

Die Schichtdicke lässt sich über die Dimermenge einstellen. Parylene sind biokompatibel (geprüft nach USP Class VI), flexibel und sind zum Beispiel durch reaktives Ionenätzen und Laserablation strukturierbar [89].
Parylene C (Poly-dichloro-p-xylylene, siehe Abbildung 2.1) ist das industriell am häufigsten eingesetzte Material [121] und dient als inerte, dielektrische, hydrophobe und undurchlässige Schutzbeschichtung in Halbleiter-, Elektro- und Medizintechnik.
Im Vergleich zum Polyimid besitzt Parylene eine geringere Wasseraufnahme, ist dafür

Tabelle 2.2: Ausgewählte Eigenschaften von Polyimid, Parylene C und Epoxidharz

	Polyimid **PI-2611**	**Parylene** **Parylene C**	**Epoxidharz** **EPO-TEK-310M-1**
Hersteller	HD MicroSystems™	Parylene Coating Services, Inc.	Epoxy Technology, Inc.
Synthese	Polykondensation	Polymerisation	Polyaddition
empfohlene Prozessierung	Rotations-beschichten	PVD	Vergießen und Tauchbeschichten
Viskosität, unvernetzt	11 Pa s bis 13,5 Pa s	-	0,315 Pa s
Struktur		teilkristallin	
Dichte	$1{,}4\,\mathrm{g\,cm^{-3}}$	$1{,}289\,\mathrm{g\,cm^{-3}}$	k.A.
Glasübergangs-temperatur	360 °C	80 °C	28 °C
spezifischer Widerstand	$>10^{16}\,\Omega\,\mathrm{cm}$	$6 \times 10^{16}\,\Omega\,\mathrm{cm}$	$>1 \times 10^{10}\,\Omega\,\mathrm{cm}$
Durchschlags-festigkeit	$>200\,\mathrm{kV\,mm^{-1}}$	$228{,}3\,\mathrm{kV\,mm^{-1}}$	k.A.
relative Permittivität	2,9 (bei 1 kHz)	3,1 (bei 1 kHz)	≈ 8 (bei 1 kHz)
Ausdehnungs-koeffizient	$3 \times 10^{-6}\,\mathrm{K^{-1}}$ (bei 25 °C)	$35 \times 10^{-6}\,\mathrm{K^{-1}}$ (bei 25 °C)	$60 \times 10^{-6}\,\mathrm{K^{-1}}$ (< 28 °C)
Härte	E52 – 99, Rockwell	R80, Rockwell	62, Shore A
Zugfestigkeit	350,0 MPa	68,9 MPa	k.A.

aber weniger reißfest und fragiler [86]. Deshalb wird es häufig als finale Beschichtung auf Silikon, Polyimid aber auch Silizium eingesetzt [63, 71, 72, 89, 131]. Auf Grund seiner hohen Flexibilität, hervorragenden Barriereeigenschaften und Biokompatibilität findet es vielfach auch als Substratmaterial Verwendung [101, 120, 134].
Es gibt verschiedene Anbieter für Parylene und Beschichtungsanlagen. Für diese Arbeit wurden Material und Anlage der Firma Parylene Coating Services, Inc. verwendet. Wesentliche Parameter dieses Materials sind in Tabelle 2.2 aufgeführt.

2.2.4 Epoxidharz

Durch die Vernetzung eines flüssigen Epoxidharzes (gekennzeichnet durch die Epoxidgruppe) mit einem Härter bilden sich in einer Polyadditionsreaktion verzweigte Polymerketten zu einem Kunstharz aus, das typischerweise als Vergussmasse oder Reaktionsklebstoff eine breite Verwendung findet. In der Medizintechnik werden Epoxidharze zum Beispiel verwendet, um die elektronischen Komponenten eines Herzschrittmachers oder eines Cochleaimplantates innerhalb des Titangehäuses zu vergießen. Als

nicht-hermetische Einhausungsmaterialien finden sie in einem geringeren Ausmaß Verwendung als die zuvor beschriebenen Materialien [66], vielmehr werden sie als Klebstoffe (leitfähig oder nicht-leitfähig) im Flip-Chip-Prozess oder als Glob Top zum Schutz eines Bauelementes auf dem Schaltungsträger eingesetzt [116]. Zum einen sind sie, von einigen Ausnahmen abgesehen, unflexibel, zum anderen besitzen sie weniger gute Barriereeigenschaften und eine geringere chemische Stabilität [16, 119].
Es existiert eine außerordentlich große Produktvielfalt, da sich durch die Zugabe von Füllstoffen oder durch Variation der Bestandteile die Materialeigenschaften stark modifizieren lassen. Allerdings halten die Hersteller die Zusammensetzung ihrer Produkte streng geheim, sodass in Abbildung 2.1 nur eine beispielhafte Strukturformel eines auf Bisphenol A basierenden Epoxidharzes dargestellt ist.
Eigene Untersuchungen haben gezeigt, dass Epoxidharze eine bessere Haftfestigkeit auf verschiedenen Substraten aufweisen als zum Beispiel Silikone [29]. Wie im nachfolgenden Abschnitt 2.3 dargestellt, spielt das für die Schutzfunktion der Einhausung eine wesentliche Rolle.
Die Firma Epoxy Technology, Inc. bietet eine große Vielfalt an Epoxidharzen für medizinische Anwendungen an. Für die Untersuchungen in dieser Arbeit wurde ein flexibles Material ausgewählt (siehe Tabelle 2.2).

2.3 Ausfallursachen und Sicherung der Schutzfunktion

Die Herausforderungen, die durch die Verwendung nicht-hermetischer Einhausungen für Langzeitimplantate entstehen, sind insbesondere die Permeabilität der Polymere gegenüber den Bestandteilen der Körperflüssigkeiten aber auch deren Biostabilität. Bereits nach kurzer Zeit sind Polymere in einer feuchten Umgebung durch sie gesättigt [139]. Es ist allgemein bekannt, das eine Einhausung die elektronische Baugruppe vor Wasser und Ionen (insbesondere Natriumionen) schützen muss, um Korrosion und Elektrolyse zu unterbinden [76].
Die Abbildung 2.2 zeigt schematisch mögliche Ausfallursachen, resultierend aus Defekten in der Einhausung.
Die Wasseraufnahme der polymeren Einhausungsmaterialien, deren Permeabilität und Verunreinigungen auf der Baugruppenoberfläche (z.B. durch Staub, Rückstände von Flussmittel oder Salzkristallen) führen nicht zwangsläufig zu einer Beschädigung des mikroelektronischen Implantates. Erst durch die Anwesenheit kondensierten Wassers auf der Oberfläche der Baugruppe finden Korrosionsvorgänge und Elektrolyse an den Leiterzügen statt, sodass ein Ionentransport ermöglicht wird [147]. Bereits ein Wasserfilm von drei Monolagen genügt, um Korrosion in Gang zu setzen [23]. Eine Gleichspannung zwischen den Leiterzügen verstärkt den Effekt. Sobald Korrosion einsetzt und sich ein Elektrolyt auf der Baugruppenoberfläche ausbildet, wird der Prozess durch verstärkt eindringendes, kondensierendes Wasser aufgrund von Osmose intensiviert [142].
Dieser Sachverhalt verdeutlicht die Schadenswirkung von Delaminationen des polymeren Einhausungsmaterials auf der Oberfläche des Mikrosystems. Daraus lässt sich ableiten, wie wichtig eine sehr gute Haftfestigkeit des verwendeten Polymers auf der

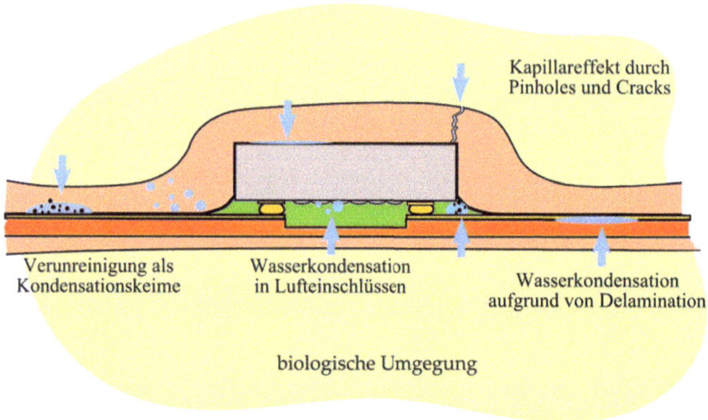

Abbildung 2.2: Schematische Darstellung möglicher Defekte einer nicht-hermetischen Einhausung

jeweiligen Oberfläche und deren Sauberkeit sind, um nicht-hermetische Einhausungen erfolgreich für aktive Langzeitimplantate einzusetzen.
In Anwesenheit eines elektrischen Feldes, das zu einer induzierten Spannung führt, oder bei einer funktionsbedingten Gleichspannung können wegen obiger Baugruppendefekte folgende Ausfallerscheinungen beobachtet werden [76, 115, 147]:

- Leckströme und Kurzschlüsse aufgrund von elektrochemischer Migration (Dendritenbildung) zwischen Leiterzügen,
- Spannungsdurchschläge aufgrund eines verringerten Isolationswiderstandes,
- Gasbildung aufgrund von Wasserelektrolyse,
- verstärkte Delamination von Einhausungsmaterial aufgrund von Gasbildung,
- Schädigung von Halbleiterbauelementen durch Natriumionen,
- elektrochemische Korrosion von Elektroden oder Leiterzügen,
- galvanische Korrosion von Materialverbindungen und
- Beschleunigung der Korrosionsvorgänge durch Osmose.

Die Korrosionsanfälligkeit eines Metalls in einer elektrolytischen Umgebung lässt sich mithilfe des pH-Potential-Diagramms, des sogenannten Pourbaix-Diagramms, abschätzen. Die Migrationsbildung korreliert mit der Solvatisierungsfähigkeit der jeweiligen Ionen. Zum Beispiel ist für die Migration von Silber das sehr gut lösliche Silberhydroxid ausreichend, das sich leicht in wässriger Lösung ausbildet. Bei Gold hingegen wird die Migrationsneigung erst durch die Anwesenheit von ionischen Verunreinigungen erhöht, was zu der Ausbildung eines Tetrachlorgoldkomplexes führt [128].

Um die langfristige Schutzfunktion polymerer Einhausungen für mikroelektronische Implantate sicher zu stellen, wird eine defektfreie Herstellung der Einhausung vorausgesetzt. Dafür sind folgende Punkte zu beachten [49, 96]:

1. die Oberfläche der zu verkapselnden Baugruppe (Substratmaterialien und elektronische Bauelemente) sollte frei von ionischer Verunreinigung sein,

2. das zu verwendende Einhausungsmaterial (Polymer) sollte hervorragend auf der einzuhausenden Baugruppe haften, Delaminationen oder Kavitäten sind zu vermeiden,

3. innerhalb der Einhausung sollten lokale Defekte möglichst gering gehalten werden (Lufteinschlüsse, Mikrorisse, Delaminationen) und

4. das Einhausungsmaterial sollte einen hohen elektrischen Widerstand auch dann aufweisen, wenn es langfristig den Körperflüssigkeiten ausgesetzt ist (Sättigung mit einer salzhaltigen Lösung).

Eine weitere wichtige Grundvoraussetzung für eine langfristige Schutzfunktion der Einhausung ist die Langzeitstabilität der Materialien selbst, beziehungsweise die Aufrechterhaltung der relevanten Eigenschaften der Einhausung für die vorgesehene Implantationsdauer (Biostabilität). Polymere können in der aggressiven biologischen Umgebung degradieren. Darunter versteht man den Angriff auf die chemische Struktur durch hydrolytische, oxidative und enzymatische Mechanismen [163].

2.4 Besondere Anforderungen an die Prüftechniken

Eine besondere Herausforderung für die Forschung und die Entwicklung, aber auch für die Herstellung und das Inverkehrbringen innovativer aktiver, mikroelektronischer Implantate ist das Fehlen einheitlicher Untersuchungsmethoden, Prüfstandards und Rahmenbedingungen. Dieser Umstand führt dazu, dass Ergebnisse verschiedener Forschungsgruppen nur schwer vergleichbar sind. Es werden unterschiedliche Methoden entwickelt, um die Zuverlässigkeit bestimmter Aufbauten zu verifizieren. Die große Auswahl an unterschiedlichen Materialien, die für bestimmte Anwendungen geeignet erscheinen, erschwert weiterhin die Vergleichbarkeit der Forschungsergebnisse.
Im Allgemeinen sollte ein Prüfschema, wie es in Abbildung 2.3 dargestellt ist, berücksichtigt werden. Dabei stehen am Anfang grundlegende physikalische, chemische und biologische Versuche zur Material- und Produktcharakterisierung. Gefolgt von in-vitro Untersuchungen, die ausgewählte physiologische Umgebungsparameter für das Implantat abbilden und eine Prüfung der Materialien oder einzelner Funktionsparameter unter simulierten Bedingungen zulassen. Diese Untersuchungen finden außerhalb des klinischen Umfeldes statt, können unter relativ günstigen Voraussetzungen im Labor durchgeführt werden und gelten als vorklinische Prüfung [165].
Entspricht der Prüfling den Erwartungen geht man in die Phase der klinischen Prüfung über. Zunächst werden in-vivo Untersuchungen im lebenden Organismus durchgeführt,

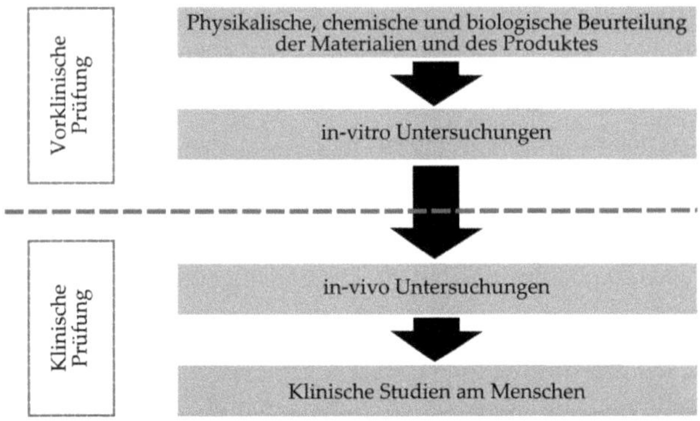

Abbildung 2.3: Prüfschema bei der Entwicklung eines Medizinproduktes nach [165]

wofür in der Regel Versuche an einem Tiermodell (z.B. Maus oder Schwein) notwendig sind. Dieser Schritt ist oftmals erforderlich, da sich die komplexen Vorgänge an der Grenzfläche des Implantates zur biologischen Umgebung in ihrer Gesamtheit nicht abbilden lassen. Die Zustimmung einer Ethikkommission ist erforderlich. Am Ende des Prüfschemas stehen die umfangreichen klinischen Studien am Menschen, die außerordentlich streng reglementiert sind.
Die Abbildung 2.4 zeigt auf, welche Prüftechniken für die Auswahl geeigneter Einhausungsmaterialien für das flexible Drucksensormodul im Stentgraft zur Anwendung gekommen sind und inwieweit sie bei der Charakterisierung der Einhausungsmaterialien zu berücksichtigen waren. Als Einflussfaktoren auf die Einhausungsmaterialien sind die andauernde mechanische und die fluidische Belastung im Patienten sowie der Materialangriff aufgrund des Sterilisationsprozesses aufgeführt. Auf diese Weise lässt sich eine umfangreiche Versuchsmatrix ableiten, mit deren Hilfe die folgenden Anforderungen an die Einhausungsmaterialien nachzuweisen sind:

- eine hohe Diffusionsbarriere [142],
- sehr gute Haftfestigkeit,
- mechanischer Schutz,
- elektrische Isolation,
- keine Eigenschaftsänderungen durch Sterilisation und während der Implantationsdauer,
- eine zuverlässige Schutzfunktion sowie
- unter Umständen eine drahtlose Datenübertragung [163].

Im Sinne der Vergleichbarkeit aller Forschungsergebnisse und des Risikomanagements ist eine vereinheitlichte Handlungsempfehlung für die Forschung und Entwicklung

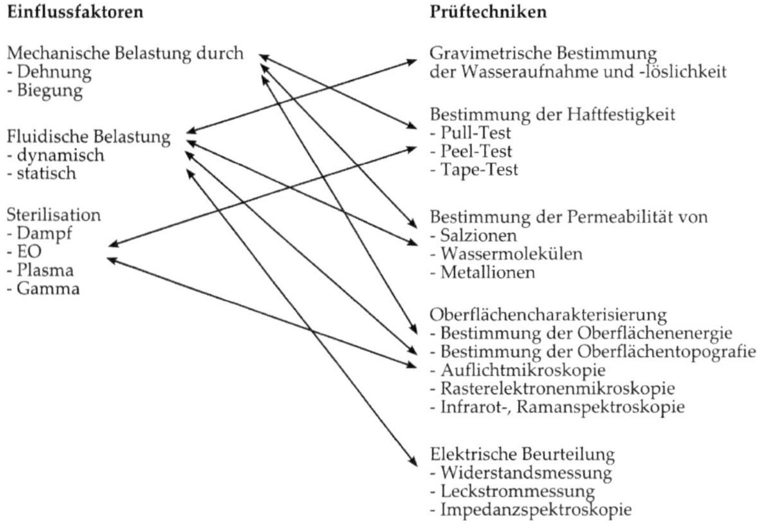

Abbildung 2.4: Prüftechniken für die Charakterisierung von Einhausungmaterialien verknüpft mit Einflussfaktoren

im Bereich mikroelektronischer Implantate erstrebenswert. Die Beschreibung und die Umsetzung der einzelnen Prüftechniken sowie die Ergebnisse sind Bestandteile der nachfolgenden Kapitel.

2.5 Betrachtung der Grenzfläche

Die Gestaltung der Oberfläche eines Implantates bestimmt im Wesentlichen die Wechselwirkungsvorgänge zwischen lebender und toter Materie. Diese Grenzfläche stellt den unmittelbaren Kontakt zwischen dem Empfängergewebe und dem mikroelektronischen Implantat dar (vergleiche Abbildung 1.2).
Aus der Literatur ist bekannt, dass eine höhere Oberflächenenergie die Anlagerung von Proteinen und Zellen aber auch von Bakterien begünstigt [90, 124, 144, 152]. Ebenso sind die Oberflächentopografie und die chemische Zusammensetzung der Grenzfläche wichtige Parameter für die komplexen Adhäsionsprozesse an der Implantatoberfläche [103]. In diesem Zusammenhang ist die Charakterisierung der Grenzfläche für die Beurteilung der Schutzfunktion von Einhausungsmaterialien (siehe Abschnitt 1.3.4) von besonderer Bedeutung.
Der Anwendungsort bestimmt die Gestaltung der Implantatoberfläche. Ein Prothesenschaft einer Hüftendoprothese zum Beispiel soll möglichst schnell und langfristig mit dem umliegenden Knochen verwachsen [39]. Dies kann unter anderem durch eine erhöhte Rauheit der Titanlegierung oder mithilfe einer Funktionalisierung (chemisch oder physikalisch) der Grenzfläche erzielt werden [129].

Gegenteilig sind die Bedingungen bei einem kardiovaskulären Implantat wie dem flexiblen Drucksensormodul. Die Grenzfläche sollte unter anderem eine geringe Oberflächenenergie und eine geringe Rauheit aufweisen, um eine Thrombenbildung zu vermeiden [103, 137]. Dadurch kann eine Anlagerung von Blutbestandteilen, aber auch die mechanische Belastung der Erythrozyten vermieden werden.
Der Einsatz polymerer Einhausungsmaterialien für Langzeitimplantate ist hinsichtlich ihrer Biostabilität problematisch, da hydrolytische, oxidative und enzymatische Vorgänge die Polymerstruktur degradieren können [76]. Chemische Veränderungen in der Polymerstruktur sind ebenfalls in die Grenzflächenbetrachtung einzubeziehen. Nicht nur unter biologischen Gesichtspunkten ist die Grenzflächencharakterisierung bedeutsam, auch für die Fertigungstechnologie des aktiven Implantats in Verbindung mit dem polymeren Einhausungsmaterial spielt die Bestimmung

- der Oberflächenenergie,
- der Oberflächentopografie und
- der chemischen Zusammensetzung

eine wichtige Rolle. So liefern die Werte der Oberflächenenergie und der Oberflächentopografie Hinweise auf die Haftfestigkeit innerhalb eines Materialverbundes [25] (siehe Kapitel 4).
Die in Abbildung 2.4 genannten Einflussfaktoren wie Sterilisation, fluidische und mechanische Belastung können unzulässige Eigenschaftsänderungen hervorrufen, die sich mithilfe einer Beurteilung der Grenzfläche im Zuge der vorklinischen Prüfung ermitteln lassen. Ausgewählte Methoden werden nachfolgend vorgestellt, mit deren Hilfe sich die Grenzfläche untersuchen und Aussagen über die Wechselwirkungen an der Grenzfläche ableiten lassen.

2.5.1 Kontaktwinkelmessung

Typischerweise wird die Oberflächenenergie mittels des Kontaktwinkels einer Prüfflüssigkeit auf der zu untersuchenden Oberfläche nach der Sessile Drop-Methode bestimmt [19] (siehe Abb. 2.5).

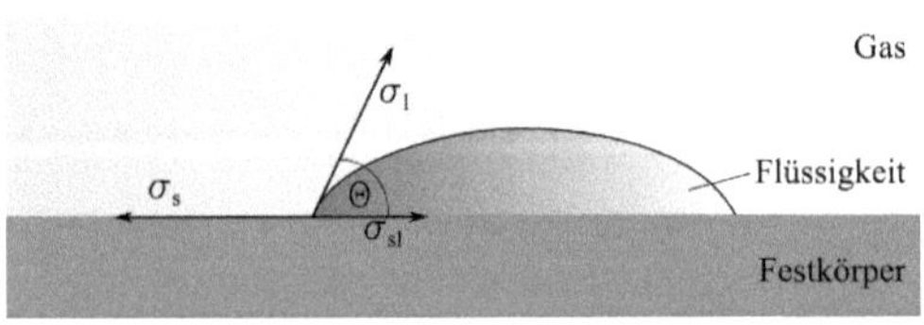

Abbildung 2.5: Ausbildung des Kontaktwinkels im Dreiphasensystem bestehend aus Festkörper, Flüssigkeit und Gas, nach [21]

Die Ausbildung des Kontaktwinkels Θ eines auf eine ebene Oberfläche aufgesetzten Tropfens repräsentiert die Benetzbarkeit der Festkörperoberfläche durch die Flüssigkeit. Der Kontaktwinkel wird in einer Durchlichtanordnung optisch ermittelt (Kontaktwinkelmessgerät OCA 15 von DataPhysics Instruments GmbH, Deutschland). Mithilfe thermodynamischer Betrachtungen lässt sich die Oberflächenenergie in Abhängigkeit des Kontaktwinkels und verschiedener Testflüssigkeiten, wie im Folgenden dargestellt, berechnen.

Die vektoriellen Größen der Oberflächenspannungen des Festkörpers $\vec{\sigma}_s$ und der Flüssigkeit $\vec{\sigma}_l$ sowie die Grenzflächenspannung $\vec{\sigma}_{sl}$ der Grenzfläche fest und flüssig stehen entsprechend der *Young*-Gleichung in einem mathematischen Zusammenhang, der sich wie folgt darstellt:

$$\vec{\sigma}_s = \vec{\sigma}_{sl} + \vec{\sigma}_l \cos \Theta. \tag{2.1}$$

Um den aufgesetzten Tropfen von der Festkörperoberfläche wieder zu trennen und damit eine neue Flüssigkeits- und Festkörperoberfläche zu schaffen, ist Energie in Form von der zu verrichteten Arbeit W_A nötig. Gleichzeitig wird die Energie, die in der Grenzfläche gespeichert ist, frei. Somit ergibt sich

$$W_A = \sigma_s + \sigma_l - \sigma_{sl}. \tag{2.2}$$

Durch Einsetzen von (2.1) in (2.2) erhält man die *Young-Dupre*-Gleichung, die die sogenannte Adhäsionsarbeit W_A definiert:

$$W_A = \sigma_l \cdot (1 + \cos \Theta). \tag{2.3}$$

Fowkes unterteilte die Oberflächenspannungen σ_s / σ_{sl} / σ_l in additive Komponenten, die den zwischenmolekularen Wechselwirkungskräften entsprechen. Er ordnete die *Debye*- (Dipol - induzierter Dipol), die *Keesom* - (Dipol - Dipol) und die Wasserstoffbrückenbindungen dem polaren Anteil σ_l^p sowie die *London*schen Dispersionskräfte der dispersen Komponente σ_l^d zu [19]:

$$\sigma_l = \sigma_l^p + \sigma_l^d. \tag{2.4}$$

Nach der von *Good* und *Girifalco* empirisch ermittelten Formel lässt sich die Adhäsionsarbeit aus dem geometrischen Mittel der Grenzflächenspannungen der Festkörperoberfläche und der Prüfflüssigkeit bestimmen [51]:

$$W_A = 2\sqrt{\sigma_s \cdot \sigma_l}. \tag{2.5}$$

Unter Berücksichtigung der polaren und dispersen Komponenten und Verwendung von Gleichung 2.5 ergibt sich:

$$W_A = W_A^p + W_A^d = 2\left(\sqrt{\sigma_s^p \cdot \sigma_l^p} + \sqrt{\sigma_s^d \cdot \sigma_l^d}\right) \tag{2.6}$$

Setzt man die Gleichungen 2.3 und 2.6 gleich, erhält man die Geradengleichung nach *Owens*, *Wendt*, *Rabel* und *Kaelble* (*OWRK*-Methode):

$$\frac{\sigma_l \cdot (1 + \cos \Theta)}{2\sqrt{\sigma_l^d}} = \sqrt{\sigma_s^d} + \sqrt{\sigma_s^p} \cdot \sqrt{\frac{\sigma_l^p}{\sigma_l^d}}. \tag{2.7}$$

Die thermodynamische Berechnungsvorschrift setzt ideale Messbedingungen voraus:

- die Festkörperoberfläche ist fest, glatt, chemisch homogen und nicht reaktiv [80];
- der Tropfen ist symmetrisch und unbeweglich [40] und
- es herrschen konstante Druck- und Temperaturverhältnisse.

Auch die Wahl der Prüfflüssigkeit ist für die Reproduzierbarkeit der Ergebnisse eine wesentliche Voraussetzung [19], so muss

- die Festkörperoberfläche chemisch beständig gegenüber der Prüfflüssigkeit sein,
- die Oberflächenspannung der Prüfflüssigkeit aufgrund von löslichen Bestandteilen der Festkörperoberfläche nicht beeinflusst werden.

Die Tropfenform ist demnach von der Grenzflächenspannung und seiner Gewichtskraft abhängig [40]. Unter realen Bedingungen wird sich der Kontaktwinkel mit der Zeit verändern, nicht zuletzt durch das Verdampfen der Tropfenflüssigkeit [26]. Beobachtet man den Kontaktwinkel zeitabhängig, lassen sich aufgrund von chemischen Inhomogenitäten (z.B. durch Additive/ Füllstoffe oder bei zweikomponentigen Silikonen), aufgeladenen Oberflächen oder Struktureffekten Änderungen der Benetzung feststellen.

Für das Auswerteverfahren nach der *OWRK*-Methode sind mindestens zwei Prüfflüssigkeiten erforderlich. Für diese Arbeit wurden deionisiertes Wasser als polare und Diiodmethan (CH_2I_2) als disperse Prüfflüssigkeit verwendet. Das Tropfenvolumen betrug 1 µl und die Aufnahme des Kontaktwinkels erfolgte nach Abschluss des Benetzungsvorganges.
Das Versuchsprotokoll und die Ergebnisse finden sich im Anhang auf Seite 128, sowie in Kapitel 3.1 (Seite 33) und Kapitel 4 (Seite 65).

2.5.2 Mikroskopie

Die Topografie und die Struktur der Grenzfläche lässt sich mithilfe der

- Auflichtmikroskopie
- Rasterelektronenmikroskopie und/ oder
- Konfokalmikroskopie/ Profilometrie

beurteilen.
Die Mikroskopie liefert wichtige Informationen über die Oberflächenbeschaffenheit (Rauheit, Glattheit). Diese Aussagen sind für die Beurteilung der Wechselwirkungen zwischen biologischer Umgebung und Material und damit deren Biokompatibilität wichtig, da die Anlagerung von biologischen Bestandteilen durch die Topografie beeinflusst wird [163].
Die Rasterkraftmikroskopie wurde im Zusammenhang mit der Untersuchung polymerer Oberflächen als ungeeignet eingestuft, da die Oberfläche sehr leicht durch den scharfen Cantilever beschädigt werden kann.

2.5.3 Molekülspektroskopie

Die Molekülspektroskopie beruht auf der Anregung von Schwingungs- und Rotationszuständen eines Moleküls durch elektromagnetische Strahlung [5]. Die Veränderung des Dipolmoments eines Moleküls durch die angeregte Schwingung ist im jeweiligen Absorptionsband als Spektrallinie nachweisbar und gibt Auskunft über verschiedene Eigenschaften einzelner Moleküle (Bindungsstärke, Bindungslänge, Winkel zwischen den Bindungen). Aus diesem Grund sind Molekülspektren komplexer als Atomspektren und die Auswertung von Spektren unbekannter Moleküle schwer, wobei Datenbanken die Interpretation erleichtern.
Für die Beurteilung der chemischen Zusammensetzung der Grenzfläche werden unter anderem

- die Infrarot (IR) - Spektroskopie,
- die Ramanspektroskopie oder
- die Kernspinresonanz (engl. nuclear magnetic resonance) (NMR) - Spektroskopie

eingesetzt.

Insbesondere die IR-Spektroskopie ist eine kostengünstige Analysemethode, die keine besondere Probenpräparation erfordert. Typischerweise sind die Schwingungen von funktionellen Gruppen und von Reinsubstanzen energetisch im mittleren Infrarot Bereich (Wellenzahlen von $4000\,\mathrm{cm}^{-1}$ bis $400\,\mathrm{cm}^{-1}$) nachweisbar und zeigen anhand von Spektrallinien verschiedene Schwinungsformen.
Einige Beispiele von Schwinungsformen eines dreiatomigen Moleküls sind in Abbildung 2.6 schematisch gegenübergestellt. In einem IR-Spektrum wird die Transmission T_r oder auch die Absorption (in %) in Abhängigkeit der Wellenzahl $\widetilde{\nu}$ aufgetragen.

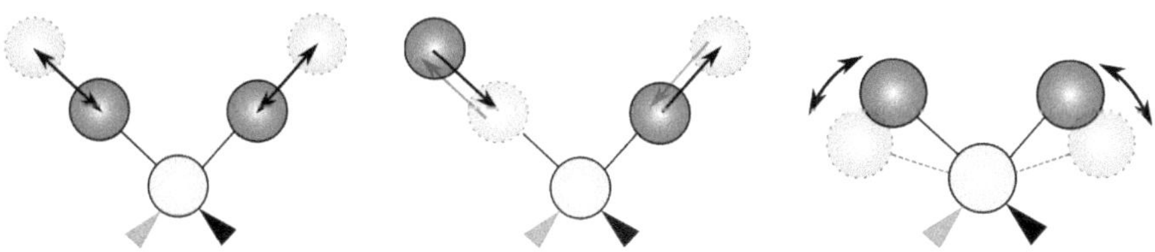

(a) symmetrische (b) asymmetrische (c) deformierende

Abbildung 2.6: Ausgewählte Schwingungsformen eines drei-atomigen Moleküls in der IR-Spektroskopie, (a) und (b) sind Valenzschwingungen, (c) Deformationsschwingung, nach [35]

Die Transmission berechnet sich aus dem Quotienten der Intensitäten des Lichts durch die Probe I zur Intensität des einfallenden Lichts I_0 [35]:

$$T_r = \frac{I}{I_0}. \tag{2.8}$$

Die Wellenzahl $\widetilde{\nu}$ (Anzahl der Wellenlängen in einem Zentimeter, in cm^{-1}) ist direkt proportional zur Frequenz f der einfallenden elektromagnetischen Strahlung und damit auch zu der aufgenommen Energie E:

$$\Delta E = h \cdot f = h \cdot c_0 \cdot \widetilde{\nu} \tag{2.9}$$

mit c_0 als Lichtgeschwindigkeit im Vakuum und h als Plancksches Wirkungsquantum ($6{,}626 \times 10^{-34}\,\mathrm{J\,s}$). Üblicherweise sind die Schwingungen der verschiedenen Bindungen in bestimmten Bereichen des Spektrums, wie es in der Tabelle 2.3 aufgeführt ist, nachzuweisen [3, 35].

Tabelle 2.3: Charakteristische Bereiche eines IR-Spektrums

Wellenzahl (in cm^{-1})	**Typische Schwingungen**
4000 bis 1500	Absorptionsbande der funktionellen Gruppen
4000 bis 2500	Valenzschwingungen von Einfachbindungen
2500 bis 2000	Valenzschwingungen von Dreifachbindungen
2000 bis 1500	Valenzschwingung der Doppelbindung und Deformationsschwingung der Einfachbindung
1500 bis 400	*Fingerprint* Bereich - charakteristisches Spektrum eines jeden Moleküls

Für die Messung stand das Gerät SMART iTR™ der Firma Thermo Fisher Scientific Inc. mit einem Diamantkristall für eine abgeschwächte Totalreflexion (engl. attenuated total reflectance) (ATR) zur Verfügung, in dem die spektrale Zusammensetzung des aufgenommenen Interferogramms mittels der Fourier-Transformation (FT) berechnet und ausgegeben wird. In Abbildung 2.7 ist das FT-IR-Spektrum einer Sylgard-184 Probe zu sehen. Die hervorgehobenen Banden sind charakteristisch für PDMS [37, 50].

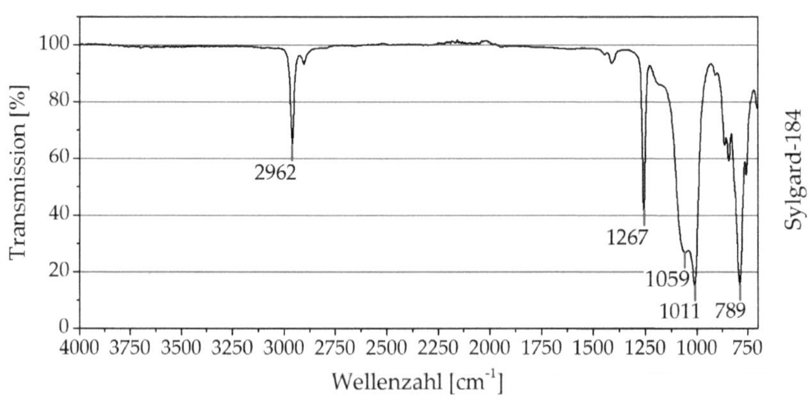

Abbildung 2.7: Peakanalyse eines Transmissionsspektrums von Sylgard-184

Beispielhaft seien die Schwingungen der Methylgruppe wie die asymmetrische CH-Valenzschwingung bei 2962 cm^{-1} und die CH-Deformationsschwingung bei 1267 cm^{-1} zu nennen. Außerdem sind die asymmetrischen Valenzschwingungen der SiO-Ketten bei 1059 cm^{-1} und 1011 cm^{-1} sowie der Bindung zwischen der Methylgruppe und der SiO-Ketten (SiC) bei 789 cm^{-1} materialspezifisch.
Die IR-Spektroskopie dient neben der organischen Strukturaufklärung dazu, strukturelle Veränderungen einer Polymermatrix, die zum Beispiel aufgrund von Wechselwirkungen mit ihrer Umgebung oder durch gezielte Oberflächenmodifikation herbeigeführt werden, nachzuweisen [37, 50, 88, 122].

2.6 Zusammenfassung

Die Sicherung der Schutzfunktion der einzelnen Einhausungsmaterialien ist das zentrale Problem bei der Produktentwicklung von flexiblen, mikroelektronischen Implantaten. Die Notwendigkeit einer nicht-hermetischen Einhausung ist für viele Anwendungen unbestritten. Vor diesem Hintergrund kommen verschiedenen Prüftechniken zum Einsatz, um geeignete Einhausungsmaterialien und Materialverbindungen zu evaluieren.
Da Polymere mit ihrer Umgebung wechselwirken, sind Einflussfaktoren (Sterilisation, mechanische und fluidische Belastung), die sich aus dem Einsatz des Implantates im menschlichen Körper ableiten, zu berücksichtigen.

3 Barriereverhalten von Einhausungsmaterialien

3.1 Wasseraufnahme und Wasserlöslichkeit

3.1.1 Wissenschaftliche Grundlagen

Die folgenden Materialeigenschaftsänderungen können aufgrund der Wasseraufnahme und Wasserlöslichkeit von Polymeren beobachtet werden [16, 30, 160]:

- erhöhte elektrische Leitfähigkeit,
- geringere elektrische Durchschlagsfestigkeit,
- erhöhte Wärmeleitfähigkeit,
- verringerte Glasübergangstemperatur,
- Zunahme von Dehnbarkeit und Volumen,
- verringerte Festigkeit und Härte,
- reduzierte Haftfestigkeit,
- geringere chemische Beständigkeit,
- geringere Dichtheit gegenüber Wassermolekülen,
- das Auftreten von mikromechanischen Defekten (z.B. Mikrorissen) und
- die Extraktion wasserlöslicher Bestandteile.

Die Wasseraufnahme von Polymeren erfolgt in der Regel durch Diffusion; von Defekten im Polymer wie Risse oder Poren abgesehen, die zu einer erhöhten Wasseraufnahme durch den Kapillareffekt führen. Die Zwischenräume in der Polymermatrix, die durch die thermische Bewegung der Kettensegmente entstehen, erlauben das spontane Eindringen von Wassermolekülen. Diese verteilen sich zufällig in der Polymermatrix, können sich aber auch an vorhandene polare Gruppen der Makromoleküle anlagern (Solvatation unter Ausbildung von Wasserstoff-Brückenbindung) [16]. Getrieben wird dieser Vorgang durch den Konzentrationsgradienten der Wassermoleküle, wobei die Anbindung

weiterer Moleküle an die Kettensegmente zu einer Abschwächung der Nebenvalenzbindungen innerhalb der Polymermatrix führt [30]. Je geringer der Vernetzungsgrad der Polymermatrix ist, desto stärker ist dieser Prozess ausgeprägt.
Bis zu einer bestimmten Wasserkonzentration im Polymer ist die Wasseraufnahme reversibel und führt zu keinen merklichen Eigenschaftsänderungen [25]. Wird diese jedoch überschritten, kann sich die Kohäsionsfestigkeit verringern, Wasser wird an Defekten (wie z.B. Hohlräumen) kondensieren und chemische Reaktionen wie Hydrolyse können die Polymermatrix verändern.
Die Wasseraufnahme eines Polymers wird durch dessen chemischen und physikalischen Aufbau bestimmt. So können zum Beispiel amorphe Bereiche der Polymermatrix deutlich stärker von Wasser durchdrungen werden als kristalline [30]. Weiterhin beeinflusst die Reinheit des Polymers selbst das Ausmaß der Wasseraufnahme. Diese kann im Falle von Verunreinigungen (z.B. mittels wasserlöslicher Stoffe) durch Osmose verstärkt werden.
Die Wasseraufnahme von Polymeren ist im Wesentlichen von zwei materialspezifischen Parametern abhängig: der initialen Wasserkonzentration der Polymermatrix und dem Diffusionskoeffizienten D. Es wurden verschiedene Diffusionsverhalten bei Polymeren beobachtet [4]. Typischerweise folgt die Wasseraufnahme dem *Fick*schen Gesetz, das sich unter der Annahme einer dünnen Materialprobe eindimensional wie folgt darstellt (zweites *Fick*sches Gesetz):

$$\frac{\partial c}{\partial t} = D\frac{\partial^2 c}{\partial x^2}, \tag{3.1}$$

wobei c die Konzentration der Wassermoleküle, t die Zeit und x der Diffusionsweg ist. Der zeitbedingte Wassergehalt $M(t)$ einer dünnen Polymerprobe mit der Dicke d lässt sich in Abhängigkeit der Wasseraufnahme bei Sättigung M_∞ (oder nach einer sehr langen Zeit) und des Diffusionskoeffizienten D wie folgt darstellen [66]:

$$M(t) = M_\infty - M_\infty \frac{8}{\pi^2} \sum_{n=1}^{\infty} \frac{1}{(2n-1)^2} \exp\left[-\frac{(2n-1)^2 D \pi^2}{d^2} t\right], \tag{3.2}$$

wobei Summanden von $n = 1, 2, 3, ..., 20$ als hinreichend genau angesehen werden [160]. Der Diffusionskoeffizient von Polymeren ist eine temperaturabhängige Größe, was in der folgenden Gleichung seinen Ausdruck findet [4]:

$$D = k_1 \cdot \exp\left(-\frac{E_a}{kT}\right), \tag{3.3}$$

wobei k_1 eine Konstante, E_a die Aktivierungsenergie (in eV), T die absolute Temperatur (in K) und k die *Boltzmann*-Konstante ($8{,}617 \times 10^{-5}\,\mathrm{eV\,K^{-1}}$) ist.
Bei Epoxidharzen wird häufig eine Wasseraufnahme beobachtet, die vom *Fick*schen Verhalten abweicht. Oftmals werden mehrere Phasen mit unterschiedlich stark ausgeprägten Diffusionsstrom beobachtet, bevor eine Sättigung erreicht wird [4]. Als Ursache für das abweichende Diffusionsverhalten werden Füllstoffe oder auch Lufteinschlüsse in der Polymermatrix vermutet, die Wassermoleküle in einem unterschiedlichen Ausmaß an sich binden und untergeordnete Diffusionsströme innerhalb des Polymers verursachen

[4, 16]. Eine nicht-*Fick*sche Wasseraufnahme ist mit einem konzentrationsabhängigen Diffusionskoeffizienten $D(c)$ folgendermaßen darstellbar [4, 149]:

$$\frac{\partial c}{\partial t} = \frac{\partial}{\partial x}\left(D(c)\frac{\partial c}{\partial x}\right). \tag{3.4}$$

Die Löslichkeit von Wassermolekülen in der Polymermatrix ist ebenfalls ein temperaturabhängiger Prozess, dessen Koeffizient S (in mol MPa^{-1} cm) sich wie folgt darstellen lässt [4, 94]:

$$S = k_2 \cdot 10^{-4} \exp\left(\frac{E_a}{kT}\right). \tag{3.5}$$

Dabei werden die Konstante k_2 mit $4,96 \cdot 10^{-4}$ und die Aktivierungsenergie E_a oftmals mit 0,40 eV angegeben [94].
Allerdings wird an dieser Stelle der Begriff Wasserlöslichkeit als das Herauslösen von Molekülen (Restmonomere oder Reaktionsprodukte von Degradationsprozessen) verstanden.

3.1.2 Materialien und Methoden

Die Norm DIN EN ISO 62:2008-05 *Kunststoffe - Bestimmung der Wasseraufnahme* beinhaltet die experimentelle Vorgehensweise zur Bestimmung der Wasseraufnahme und Wasserlöslichkeit von Polymeren [160]. Demnach ist eine dreistufige Verfahrensweise und das gleichzeitige Wiegen von Prüfkörpern vorgesehen (Versuchsprotokoll siehe Seite 130):

1. Trocknung der Polymerproben unter Verwendung von Silikagel bis zum Erreichen der Initialmasse[1] m_1 (in mg).

2. Wässerung von jeweils fünf gleichen Polymerproben durch Eintauchen in destilliertes Wasser (Masse m_2).

3. Trocknung der Polymerproben identisch zu 1. bis zum Erreichen der Masse m_3.

Sowohl die Trocknung als auch die 60-tägige Wässerung erfolgte bei der körpernahen Temperatur von 40 °C. Während der Trocknung wurden die Proben im Abstand von 48 bis 72 Stunden gewogen und während der Wässerung jeweils nach zwei, sechs, 24 und 48 Stunden sowie nach fünf, zwölf, 14 und 60 Tagen. Der Massenanteil des aufgenommenen Wasser M (in %) wird mit der Gleichung 3.6 berechnet:

$$M = \frac{m_2 - m_1}{m_1} \cdot 100\%. \tag{3.6}$$

Genaue Angaben zur Bestimmung der Wasserlöslichkeit sind in der Norm DIN EN ISO 20795-1:2013-06 *Zahnheilkunde - Kunststoffe - Teil 1: Prothesenkunststoffe* [157] zu finden.

[1] Die Initialmasse ist erreicht, wenn die Massenänderung zwischen zwei aufeinanderfolgenden Wägungen kleiner gleich 0,1 mg beträgt.

Darin ist beschrieben, dass der Massenanteil extrahierter Stoffe auf das Probekörpervolumen bezogen wird (in $mg\,mm^{-3}$). Für die Vergleichbarkeit der Ergebnisse erfolgt die Berechnung der Wasserlöslichkeit L (in %) wie folgt:

$$L = \frac{m_1 - m_3}{m_1} \cdot 100\%. \tag{3.7}$$

Unter Annahme des *Fick*schen Gesetzes (Gleichung 3.1) und Berücksichtigung kleiner Zeitintervalle in der Gleichung 3.2 kann der Diffusionskoeffizient (in $cm^2\,s^{-1}$) folgendermaßen vereinfacht berechnet werden [4, 16, 61]:

$$D = \frac{d^2}{16\pi t}\left(\frac{M(t)}{M_\infty}\right)^2. \tag{3.8}$$

Die untersuchten Materialproben der Silikone und der Epoxidharze besaßen eine Dicke von 1 mm und einen Durchmesser von 15 mm, deren Herstellung mithilfe einer entsprechenden Gießform durchführbar war. PI-2611 und Parylene C hingegen wurden auf einen 3-Zoll Silizium-Wafer abgeschieden. Zusätzlich zu den in Abschnitt 2.2 (Seite 16) aufgeführten Materialien wurde der biokompatible Silikonklebstoff MED2-4213 der Firma NuSil™ untersucht. Aufgrund seiner hohen Viskosität (85 Pa s) kommt es als reine Vergussmasse nicht infrage, jedoch als Verbindungsmaterial zwischen Silikon zu Metallen, Urethanen oder anderen Substraten. Zuzüglich erfolgte die Untersuchung des elektrisch leitfähigen (graphitgefüllten), biokompatiblen Epoxidharzes EPO-TEK-377H der Firma Epoxy Technology, Inc.

Die Verarbeitung aller Materialien basierte auf den Vorgaben der Hersteller unter Verwendung möglichst geringer Aushärtetemperatur (genaue Parameter siehe Anhang A.3 auf Seite 127). Für eine statistische Auswertung wurden jeweils sechs Proben eines Materials hergestellt, wobei eine Probe als Referenz außerhalb der Versuchsdurchführung verblieb.

Wie in Abschnitt 2.5 auf Seite 25 ausgeführt, ist der Einfluss der Wasseraufnahme auf die Oberflächenenergie von großem Interesse. Deshalb wurde die Oberflächenenergie der Polymerproben vor und nach der Wässerung bestimmt. Die Versuchsdurchführung ist im Anhang A.5 auf Seite 128 zu finden und die Berechnungsvorschrift auf Seite 26.

Zudem wurden die Polymerproben nach der Wässerung und die verbliebene Referenzprobe mithilfe der IR-Spektroskopie untersucht, um den Einfluss eindringender Wassermoleküle in die Polymermatrix ermitteln zu können.

3.1.3 Ergebnisse

Wasseraufnahme der Polymerproben

Nach Abschluss des dreistufigen Versuchs ließ sich der Anteil des aufgenommenen Wassers jeder einzelnen Probe entsprechend der Gleichung 3.6 berechnen und deren Mittelwert in Abhängigkeit von der Zeit in Abbildung 3.1 darstellen.

In den meisten Fällen wird innerhalb der 60-tägigen Wässerung eine Sättigung der Polymerproben erreicht. Erwartungsgemäß ist dann von einem *Fick*schen Verhalten auszugehen. Abweichende Charakteristiken konnten für den Silikonklebstoff MED2-4213 sowie die Epoxidharze EPO-TEK 310M-1 und EPO-TEK 377H beobachtet werden.

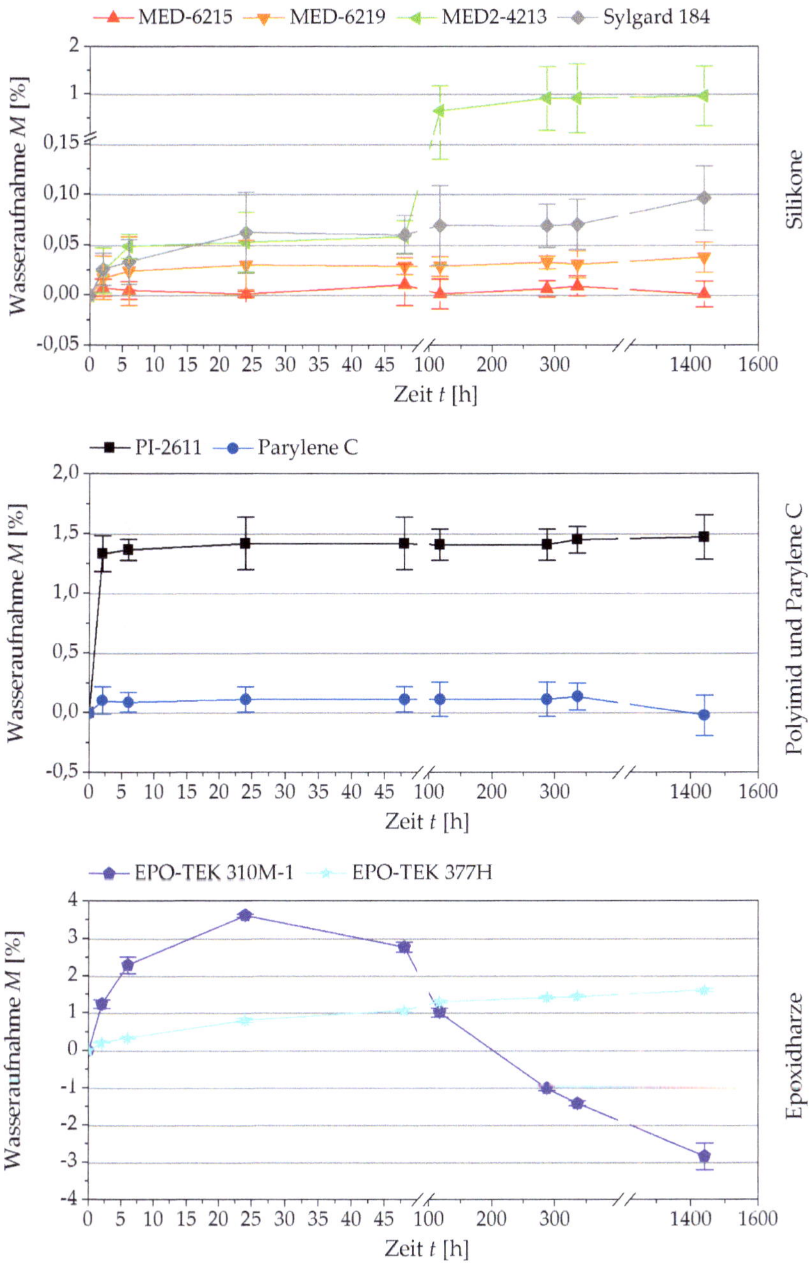

Abbildung 3.1: Wasseraufnahme *M* der Polymerproben in Abhängigkeit von der Zeit

Die Wasseraufnahme der Silikone fällt im Vergleich zu den anderen Materialien deutlich geringer aus. Bei den MED-6215-Proben schwankte die Massenänderung aller Proben während ihrer Wässerung um einen Mittelwert von 0 %. Ähnliche Ergebnisse waren für das Silikon MED6-6606 bei vorangegangen Untersuchungen festzustellen. Vergleichswerte sind in der Literatur für PDMS mit weniger als 0,03 % angegeben [82]. Für MED-6219 und Sylgard-184 wurde eine Wasseraufnahme von weniger als 0,1 % ermittelt. MED2-4213 zeigt eine sprunghafte Wasseraufnahme von 0,06 % nach 48 Stunden auf 0,67 % nach fünf Tagen. Innerhalb der ersten 48 Stunden kann von einer Phase *Fick*schen Diffusionsverhalten gesprochen werden, auf die eine zweite Phase mit geänderten Diffusionskoeffizienten folgt. Diese Beobachtung lässt sich mit den Lufteinschlüssen innerhalb der Proben begründen, die sich aufgrund der hohen Viskosität des Polymers trotz mehrmaligen Evakuierens nicht entfernen ließen.

Es ist davon auszugehen, dass der Silikonklebstoff innerhalb der ersten 48 Stunden eine Sättigung erreichte. Das führt zu einer Kondensation von Wasser in den Lufteinschlüssen und damit in eine zweite Phase der Wasseraufnahme.

Offensichtlich erreichen sowohl PI-2611 mit 1,45 % als auch Parylene C mit 0,14 % innerhalb von sechs Stunden ihre Sättigung. Die ermittelte Wasseraufnahme für PI-2611 deckt sich mit dem Ergebnis von 1,5 % aus der Literatur [18]. In Polyimid lagern sich die Wassermoleküle nicht an die Kettensegmente an, wodurch weniger starke Wechselwirkungen mit Wasser zu beobachten sind [16].

Für Parylene C wird ein Wert von 0,1 % nach 24 Stunden Wasseraufnahme angegeben [48]. Die vermeintliche Abnahme der Wasseraufnahme für Parylene C nach 60 Tagen ist auf eine Beschädigung der betreffenden Probe zurückzuführen, weshalb dieser Messwert für die nachfolgenden Ausführungen nicht weiter betrachtet wird.

Am stärksten wechselwirkt das Epoxidharz EPO-TEK 310M-1 mit Wasser. Innerhalb der ersten 24 Stunden erfolgt eine Wasseraufnahme von 3,63 %. Anschließende Messungen ergaben eine starke Gewichtsabnahme der Polymerproben, die sich in einer Massenabnahme von −2,83 % nach 60 Tagen ausdrückt. Offensichtlich finden nicht reversible Veränderungen in der Polymermatrix statt, die sich in einer starken Wasserlöslichkeit zeigt. Das gefüllte Epoxidharz EPO-TEK 377H erreicht innerhalb der Versuchsdauer keine Sättigung, weshalb auch keine endgültige Aussage über das Wasseraufnahmeverhalten getroffen werden kann.

In der Literatur wird die Wasseraufnahme von Epoxidharzen in einem Bereich von 0,5 % bis 7 % angegeben. Diese Werte sind vom Material, von der Zeit und von der Temperatur, bei denen die Wasseraufnahme stattfindet, abhängig [33, 66]. Die starke Wechselwirkung der Epoxidharze mit den Wassermolekülen liegt darin begründet, dass sie einerseits frei in den Zwischenräumen der Polymermatrix existieren, und andererseits über Wasserstoffbrückenbindungen an die Kettensegmente gebunden werden. Dieses Verhalten führt dazu, dass bei den untersuchten Epoxidharzen mit Eigenschaftsänderungen für den langfristigen Einsatz in wässriger Umgebung zu rechnen ist.

In der Tabelle 3.1 sind die Messwerte für die Wasseraufnahme nach sechs Stunden und nach Erreichen der Sättigung aufgeführt. Unter Annahme eines *Fick*schen Diffusionsverhaltens erfolgte die Berechnung des Diffusionskoeffizienten für die ersten sechs Stunden.

Tabelle 3.1: Werte für die Wasseraufnahme nach 6 h ($M(t = 6\,h)$) und bei Sättigung (M_∞, Zeit bis zum Erreichen der Sättigung t_∞) der Polymerproben einer Probendicke d und Diffusionskoeffizient D bei 40 °C

Polymer	$M(t = 6\,h)$ (in %)	M_∞ (in %)	t_∞ (in h)	d (in cm)	D (in $10^{-10}\,\frac{cm^2}{s}$)
MED-6215	≈0	≈0	k.A.	0,1	≈0
MED-6219	0,03	0,04	288	0,1	38,9
MED2-4213	0,05	0,06	48	0,1	64,8*
Sylgard-184	0,03	0,07	120	0,1	21,6
PI-2611	1,27	1,47	24	0,01	0,7
Parylene C	0,09	0,14	24	0,006	0,1
EPO-TEK 310M-1	2,31	3,63	24	0,1	37,2
EPO-TEK 377H	0,34	1,62**	1440**	0,1	k.A.**

* Berechnung für die erste Phase der Wasseraufnahme
** innerhalb des Versuchszeitraums wurde keine Sättigung erreicht

Ein vergleichsweise hoher Wert für den Diffusionskoeffizienten von Silikonen war zu erwarten, da Silikone trotz ihrer hydrophoben Oberfläche eine hohe Permeabilität gegenüber Wassermolekülen aufweisen [75, 82].
Ein Vergleich der Diffusionskoeffizienten von PI-2611 und Parylene C mit dem der übrigen Polymere ist aufgrund der abweichenden Probenpräparation und die damit verbundene Probendicke nur bedingt sinnvoll.
Beim Epoxidharz EPO-TEK 310M-1 wurde für die ersten 24 Stunden der Wasseraufnahme ein Diffusionskoeffizient von $37{,}2 \times 10^{-10}\,cm^2\,s^{-1}$ ermittelt. Dieser Wert ist mit Ergebnissen aus der Literatur vergleichbar, in denen der Diffusionskoeffizient von vergleichbaren Epoxidharzen der Firma Epoxy Technology, Inc. mit $19{,}6 \times 10^{-10}\,cm^2\,s^{-1}$ bis $36{,}3 \times 10^{-10}\,cm^2\,s^{-1}$ angegeben wird [66].
Da EPO-TEK 377H innerhalb des Versuchszeitraums keine Sättigung erreichte, ließ sich kein Diffusionskoeffizient ermitteln.

Wasserlöslichkeit der Polymerproben

Die Ergebnisse der Wasseraufnahme und Wasserlöslichkeit nach 60-tägiger Wässerung und anschließender siebentägiger Trocknung sind in der Abbildung 3.2 dargestellt.
Für die untersuchten Materialien (mit Ausnahme von PI-2611, Parylene C und EPO-TEK-377H) war eine gewisse Wasserlöslichkeit nachweisbar. Es ist deshalb annehmbar, das unvernetzte Moleküle (Restmonomere) aus der Polymermatrix herausgelöst werden [90].
Für Parylene C konnte keine Wasserlöslichkeit ermittelt werden. Durch die Abscheidung von Parylene C (Kondensation aus der Gasphase) sind keine wasserlöslichen Restmonomere in der Schicht vorhanden.

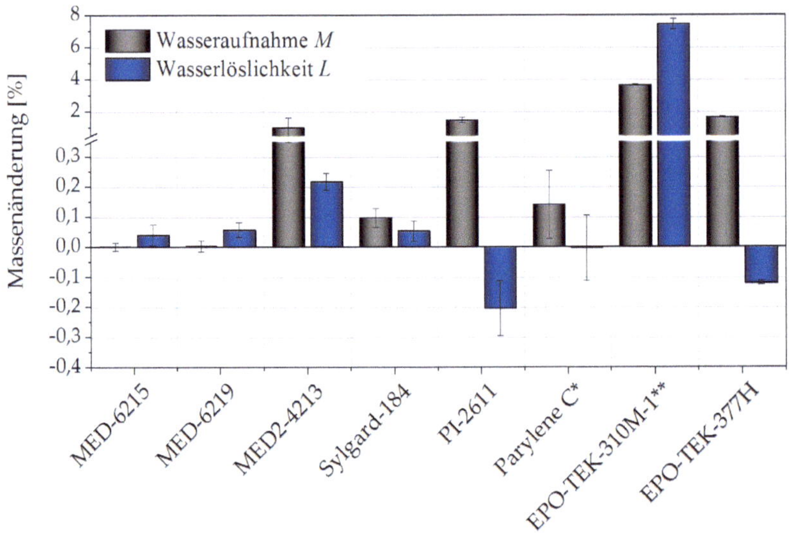

Abbildung 3.2: Wasseraufnahme und Wasserlöslichkeit der Polymerproben nach 60-tägiger Lagerung in destilliertem Wasser und siebentägiger Trocknung (Messwert für Wasseraufnahme M nach * 12 d, ** 24 h)

Die Silikone MED-6215, MED-6219 und Sylgard-184 besitzen eine sehr geringe Wasserlöslichkeit von 0,03 % bis 0,06 %. Durch das Vorhandensein von Lufteinschlüssen in den MED2-4213 Proben ist anzunehmen, dass die ermittelten Größen für die Wasserlöslichkeit von 0,22 %, wie auch die Wasseraufnahme von den tatsächlichen Werten abweichen. Wie zu erwarten, weist EPO-TEK-310M-1 nicht nur die größte Wasseraufnahme sondern auch die größte Wasserlöslichkeit (7,43 %) auf.
Sowohl für PI-2611 (−0,20 %) als auch EPO-TEK 377H (−0,12 %) ließen sich negative Werte für die Wasserlöslichkeit ermitteln. Diese Ergebnisse lassen den Schluss zu, dass nach Abschluss der Trocknung noch immer Wassermoleküle in der Polymermatrix gebunden waren.

Oberflächenenergie der Polymerproben vor und nach der Wasseraufnahme

Die Oberflächenenergie der Polymerproben wurde vor der ersten Trocknung und nach der 60-tägigen Wässerung gemessen und deren Werte in Abbildung 3.3 dargestellt. Die einzelnen Kontaktwinkel für Wasser und Diiodmethan sind im Anhang auf Seite A.3 aufgeführt.
Die Lufteinschlüsse der MED2-4213-Proben verursachten eine unebene Oberfläche, die das Messen von Kontaktwinkeln erschwerte. Aus diesem Grund kann zur Oberflächenenergie des Silikonklebstoffes keine Aussage erfolgen und wird im Folgenden nicht weiter betrachtet.

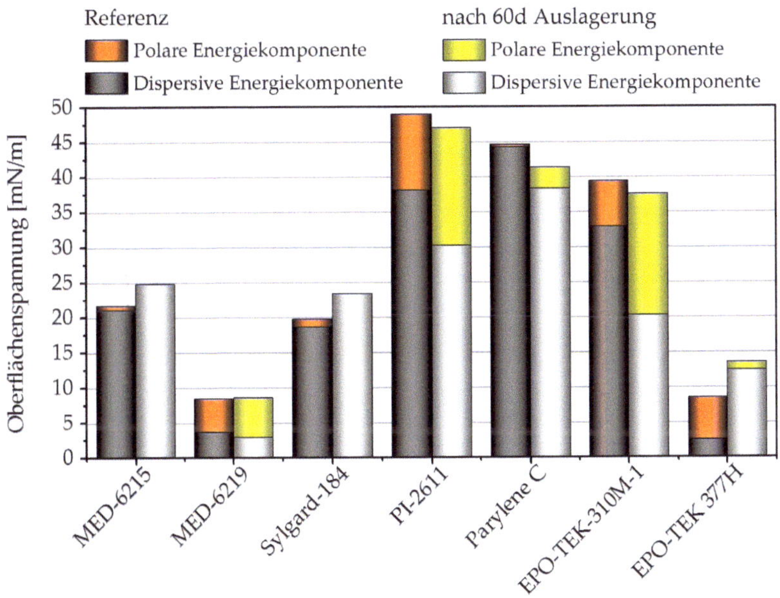

Abbildung 3.3: Oberflächenenergie der Polymerproben vor und nach der 60-tägigen Lagerung in destillierten Wasser

Die Annahme, dass die Wasseraufnahme von Polymeren zu einer erhöhten Oberflächenenergie führt, kann durch diese Messung nicht bestätigt werden. Die Ergebnisse zeigen, dass die Wasseraufnahme zu keiner erheblichen Veränderung der Benetzbarkeit der Polymeroberfächen führt (siehe Messwerte für die Kontaktwinkel im Anhang auf Seite 129). Die Polymere, die eine verhältnismäßig hohe Wasseraufnahme besitzen (mit Ausnahme des gefüllten Epoxidharzes EPO-TEK 377H) zeigen nach der Wässerung eine erhöhte polare Energiekomponente. Dieser Umstand kann auf das Vorhandensein von Wassermolekülen in der Polymermatrix zurückzuführen sein, die die Ausbildung von Wasserstoffbrückenbindungen begünstigen. Das Graphit-gefüllte Epoxidharz EPO-TEK 377H besitzt ebenfalls eine erhöhte Wasseraufnahme, die sich aber im Gegensatz zum Epoxidharz EPO-TEK-310M-1 nicht in einer erhöhten polaren Energiekomponente abzeichnet. Es ist anzunehmen, dass sich die Wassermoleküle an die Graphit-Partikel innerhalb der Polymermatrix binden und deshalb nicht an der Oberfläche in Erscheinung treten.

Die erhöhten polaren Energiekomponenten bei dem Polyimid PI-2611 und dem Epoxidharz EPO-TEK-310M-1 weisen auf eine erhöhte Reaktivität der jeweiligen Oberfläche hin und können sich sowohl in einem Mehrschichtsystem auf die Haftfestigkeit auswirken, als auch eine erhöhte Wechselwirkung mit der späteren biologischen Umgebung bedingen.

IR-Spektren der Polymerproben vor und nach der Wasseraufnahme

Wider Erwarten zeigten die IR-spektroskopischen Untersuchungen zur Wasseraufnahme der Polymerproben keine Veränderungen ihrer chemischen Struktur auf.
Zumeist sind breite Absorptionsbande im Bereich von $4000\,cm^{-1}$ bis $3400\,cm^{-1}$ dem Wasser zuzuordnen [3], wie zum Beispiel

- die Valenzschwingung von OH-Gruppen im Bereich von $3550\,cm^{-1}$ bis $3400\,cm^{-1}$, die über Wasserstoffbrückenbindung an die Kettensegmente gebunden sind,
- die symmetrische Valenzschwingung von ungebundenem Wasser bei $3623\,cm^{-1}$ und
- die asymmetrische Valenzschwinung von ungebundenem Wasser bei $3756\,cm^{-1}$.

Allerdings wies keine der gewässerten Proben erhöhte Absorptionsbanden in diesem Bereich auf, wie es in Abbildung 3.4 und im Anhang auf den Seiten 131 und 132 zusehen ist.
Außerdem konnten keine signifikanten Abweichungen der Referenzspektren der unbelasteten Proben von denen der gewässerten festgestellt werden, die auf strukturelle Veränderungen der Polymermatrix hinweisen. Alle untersuchten Proben zeigten charakteristische Transmissionspektren der jeweiligen Polymere, wie sie auch in der Literatur zu finden sind [3, 35, 48, 122].
Auffällig ist die Intensitätsverschiebung im aufgenommenem Transmissionspektrum von PI-2611 vor und nach der Wässerung, aus der sich jedoch keine strukturellen Unterschiede ableiten lassen. Die breiten Absorptionsbanden geringer Amplitude im Bereich von $3650\,cm^{-1}$ bis $3300\,cm^{-1}$ sind auf Schwingung von Wassermolekülen, die frei in der Polymermatrix vorliegen, zurückzuführen. Allerdings sind diese in der Referenzprobe genauso präsent wie in den Proben nach der Wasseraufnahme. Vergleichbare Untersuchungen anderer Arbeitsgruppen ergaben nach einer 17-monatigen Lagerung von PI-Folien (Upilex25S, UPE Europe) in 85 °C heißem Wasser eine geringe Abweichung zur Referenzprobe im Bereich von $2300\,cm^{-1}$ bis $1800\,cm^{-1}$ [122]. Die Wasseraufnahme des genannten Polymers betrug 1,46 % und die Wasserlöslichkeit 7,5 %.
Auch im Spektrum des Epoxidharzes EPO-TEK-310M-1 sind im Bereich von $3600\,cm^{-1}$ bis $3300\,cm^{-1}$ breite Absorptionsbanden zu erkennen, die den Valenzschwingungen des Wassers zugeordnet werden. Durch die Überlagerung der einzelnen Absorptionsbanden von Wasser ist davon auszugehen, dass sowohl gebundene als auch ungebundene Wassermoleküle in der Polymermatrix vorliegen.
Die Spektren zeigen ebenfalls, dass bereits in den Referenzproben Wassermoleküle in der Polymermatrix vorkommen. Die starke Wechselwirkung des Polymers mit Wasser, wie sie durch die gravimetrische Messung festzustellen war, führt zu keinerlei strukturellen Veränderungen. Diese Erkenntnis bestärkt die Annahme, dass vorrangig wasserlösliche Restmonomere aus dem Epoxidharz herausgelöst wurden und keine Abbaureaktionen der Polymermatrix stattfanden.

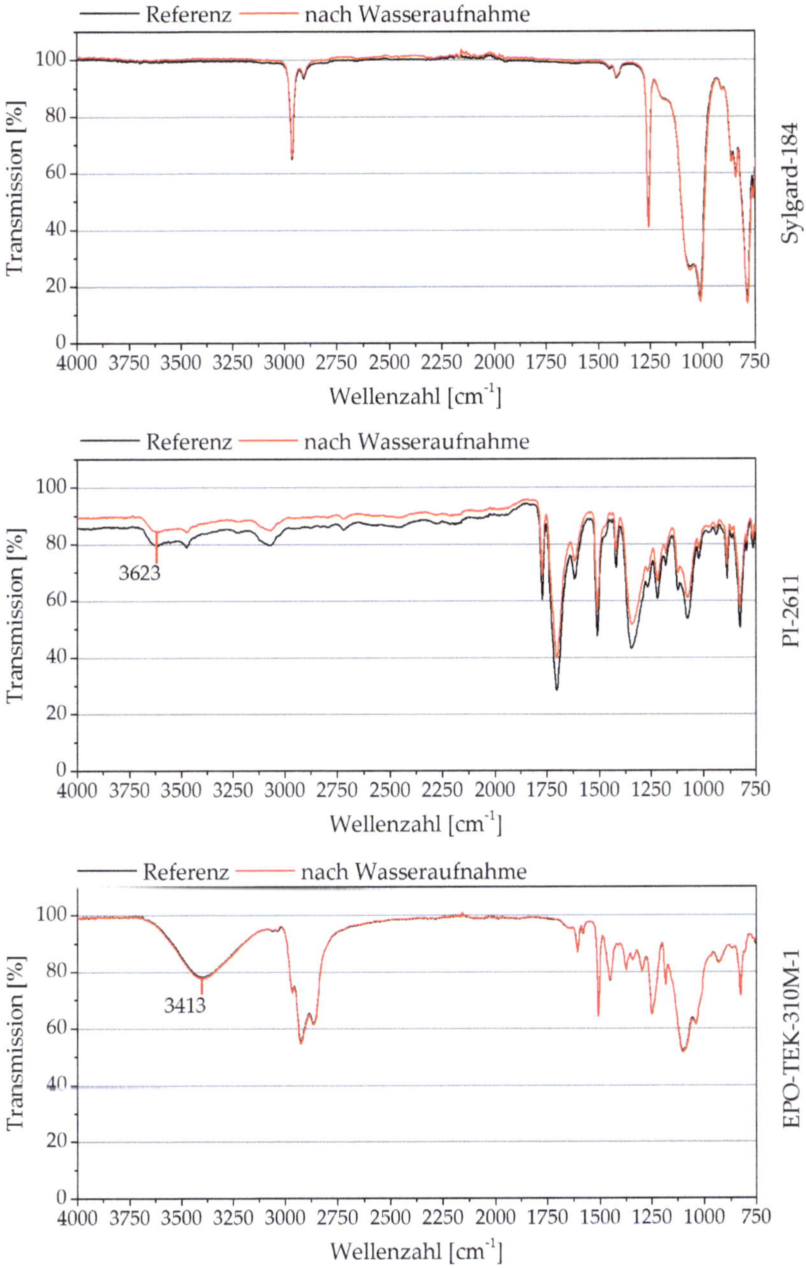

Abbildung 3.4: IR-Spektren dreier Polymere vor (Referenz) und nach der Wässerung

3.1.4 Zusammenfassung

Die Wasseraufnahme der Silikone ist am geringsten, gefolgt von Parylene C. Polyimid nimmt verhältnismäßig viel Wasser auf, erreicht aber innerhalb weniger Stunden eine Sättigung. Bei den untersuchten Epoxidharzen hingegen konnte während des 60-tägigen Versuchs keine Sättigung beobachtet werden.
Alle zweikomponentigen Polymere beinhalten wasserlösliche Stoffe, deren Gewichtsanteil mithilfe der Wasserlöslichkeit bestimmt wurde. Eine Ausnahme bildet das gefüllte Epoxidharz EPO-TEK-377H, bei dem nach der siebentägigen Trocknung noch Wassermoleküle in der Polymermatrix gebunden waren.
Die Bestimmung der Oberflächenenergie vor und nach der 60-tägigen Wässerung widerlegt die Annahme, dass die Wasseraufnahme zu einer Erhöhung der Oberflächenenergie führt. Allerdings ließ sich für Polyimid, Parylene C und auch für EPO-TEK-310M-1 ein erhöhter polarer Energieanteil feststellen.
Mithilfe der IR-Spektroskopie konnten keine strukturellen Veränderungen an der Polymermatrix nach der 60-tägigen Lagerung in Wasser festgestellt werden.

3.2 Wasserdampf- und Ionendurchlässigkeit

3.2.1 Wissenschaftliche Grundlagen des Teilchentransports

Polymere sind semipermeable Festkörper gegenüber Molekülen und Ionen. Insbesondere Wassermoleküle weisen aufgrund ihrer Kleinheit (Durchmesser von 0,28 nm) eine besonderes hohe Diffusionsneigung im Vergleich zu anderen Permeaten auf. So besitzen zum Beispiel Ionen einer Elektrolytlösung ein um ein Vielfaches größeren Durchmesser, auch weil sie von einer Hydrathülle umgeben sind. Der Durchmesser eines hydratisierten Natriumions beträgt 0,72 nm und der eines Chloridions 0,66 nm.
Sowohl Wassermoleküle als auch Ionen, die die polymere Einhausung durchdringen und sich an der Oberfläche des Mikrosystems anlagern, können die Funktion des mikroelektronischen Implantates beeinträchtigen und führen zu verschiedenen Ausfallerscheinungen, die ausführlich im Abschnitt 2.3 auf Seite 21 erläutert sind. Gleichzeitig bedeuten aus dem Mikrosystem heraus diffundierende Teilchen ein potentielles Risiko hinsichtlich der biologischen Verträglichkeit des Implantates durch den Menschen.
Es sind verschiedene Ansätze bekannt, die Dichtigkeit einer Einhausung zu beurteilen. Typischerweise wird das Barriereverhalten der Einhausungsmaterialien anhand der Durchlässigkeit von Wasserdampf oder Helium an Folien / Membranen untersucht [49, 68, 77, 139]. Dafür stehen kommerzielle Messplätze zur Verfügung.
Weniger verbreitet ist die Charakterisierung der Barriereeigenschaften durch Ionen [78, 111]. Auch die sensorische Feuchtemessung innerhalb der Einhausung des mikroelektronischen Implantates ist weniger üblich [146].
Die Untersuchung an Polymermembranen mit definierter Schichtdicke ist von Vorteil, da eine Vergleichbarkeit der verschiedenen Materialien unabhängig von der Geometrie der Einhausung möglich ist.

Der Stofftransport durch eine Membran ist auf eine

- Temperaturdifferenz ΔT,
- Druckdifferenz Δp,
- chemische Potenzialdifferenz $\Delta\mu$ und / oder
- elektrische Potenzialdifferenz $\Delta\Phi$

zurückzuführen [8].
Die im Rahmen der vorliegenden Arbeit durchgeführten Untersuchungen basieren ausschließlich auf einen definierten Konzentrationsgradienten über der Membran (chemische Potenzialdifferenz) bei konstanten Druck- und Temperaturverhältnissen. Dabei ist die Teilchenstromdichte (Diffusionsfluss) J eines Permeaten durch die Polymermembran abhängig von einer phänomenologischen Konstante K und der chemischen Potentialdifferenz $\Delta\mu$ über der Membran. Gleichzeitig entspricht die Teilchenstromdichte der Stoffmenge n, die durch die Membranfläche A in einer bestimmten Zeitspanne t permiiert:

$$J = -K \cdot \frac{\partial\mu}{\partial x}_{p,T} = \frac{n}{t \cdot A}. \tag{3.9}$$

Das chemische Potential wiederum ergibt sich aus einem von der Konzentration unabhängigen Standardpotential μ_0 (bei Standardbedingungen mit $p_0 = 101{,}325\,\text{kPa}$ und $T_0 = 298{,}15\,\text{K}$) und einen konzentrationsabhängigen Term:

$$\mu = \mu_0 + R \cdot T \cdot \ln a, \tag{3.10}$$

mit der Gaskonstante R ($8{,}314\,\text{J}\,\text{mol}^{-1}\,\text{K}^{-1}$), der absoluten Temperatur T und einer Variablen a, die der thermodynamischen Aktivität dividiert durch die Aktivität bei Standardbedingungen entspricht. Für geringe Partialdrücke und Konzentrationen kann die thermodynamische Aktivität mit hinreichender Genauigkeit durch die Konzentration c für Lösungen oder den Partialdruck p für Gase ersetzt werden.
Der Teilchenstrom basiert auf verschiedenen Transportmechanismen, die auf Diffusion und Konvektion beruhen. Mit Ausnahme der Lösungsdiffusion sind alle Transportmechanismen auf Poren, Kapillaren oder Fehlstellen im Festkörper angewiesen, deren Ausmaß von der Porengröße sowie den äußeren Zustandsbedingungen abhängt [6, 95]. Die Abbildung 3.5 zeigt die möglichen Transportmechanismen in einer Membran schematisch.
Herrscht über einer Pore ein Konzentrationsunterschied vor, so folgt der Stofftransport den Gesetzen der Diffusion nach dem ersten *Fick*schen Gesetz, wonach sich die Teilchenstromdichte J (in $\text{mol}\,\text{m}^{-2}\,\text{s}^{-1}$) direkt proportional zum Diffusionskoeffizienten D und dem Konzentrationsgradienten $\partial c/\partial x$ verhält (erstes *Fick*sches Gesetz):

$$J = -D\frac{\partial c}{\partial x} \tag{3.11}$$

Die Diffusion ist sehr stark von der Temperatur abhängig. Unter sonst gleichen Bedingungen weisen kleinere Moleküle einen größeren Diffusionskoeffizient auf, sie permeieren also schneller [95].

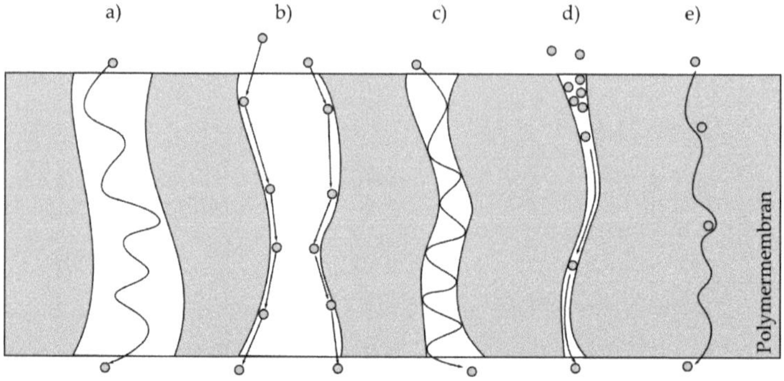

Abbildung 3.5: Transportmechanismen nach [6]: a) Diffusion, b) Oberflächendiffusion, c) Knudsendiffusion, d) Kapillarkondensation, e) Lösungsdiffusion

Eine weitere Form der Diffusion ist die Oberflächendiffusion, bei der adsorbierte Teilchen sich entsprechend des Konzentrationsgradienten bewegen [36].
Ist die mittlere freie Weglänge der Teilchen deutlich größer als der Porendurchmesser, kommt es zur druckabhängigen Molekularströmung oder auch *Knudsen*-Diffusion (Effusion). Dann kollidieren die Teilchen häufiger mit der Porenwand als mit anderen Teilchen. Dabei hängt der *Knudsen*-Diffusionskoeffizient von der Porengeometrie ab [34].
Im Falle einer gasförmigen Umgebung und Poren mit einem Durchmesser von 2 nm bis 50 nm tritt außerdem die Kapillarkondensation auf. Die Überlagerung der Schichten absorbierter Teilchen auf der einen Porenseite mit der auf der gegenüberliegenden Porenseite verursacht die Kondensation.
Die Lösungsdiffusion beschreibt die Permeation durch einen defektfreien Festkörper. Ein Stoff ist für ein Teilchen dann durchlässig, wenn beide affin zueinander sind [30]. So wird zum Beispiel die Diffusion von Wassermolekülen durch polare (hydrophile) Gruppen in der Polymermatrix, aber auch mit steigender Temperatur begünstigt. Die Lösungsdiffusion wird weiterhin durch eine erhöhte Löslichkeit des Permeaten im Polymer befördert. Nach einem Modell von *Graham* läuft die Lösungsdiffusion in drei Stufen ab (siehe Abbildung 3.6):

1. Adsorption der Teilchen auf der Membranoberfläche und die Absorption in das Membraninnere der Beladungsseite,

2. Diffusion der Teilchen (Diffusionsfluss) gemäß des *Fick*sches Gesetzes durch die Membran hindurch und

3. Desorption auf der Permeatenseite (von geringerer praktischer Bedeutung).

Die Sorption wird durch den Löslichkeitskoeffizient S beschrieben. Dieser stellt eine direkte Proportionalität zwischen der Stoffmengenkonzentration c' in der Membranoberfläche zum Partialdruck p der angrenzenden Beladungsseite her (*Henry*sches Gesetz):

$$c' = S \cdot p. \tag{3.12}$$

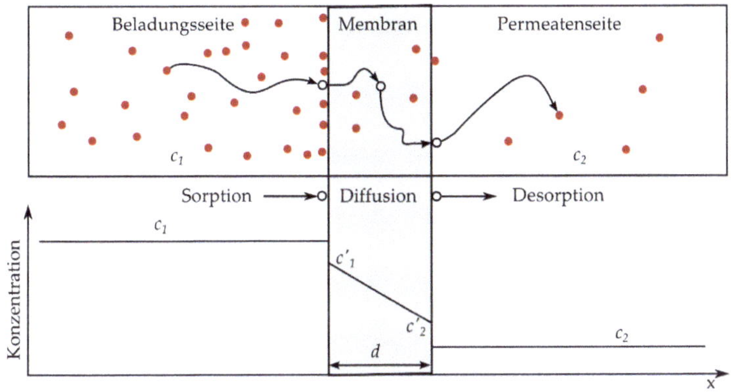

Abbildung 3.6: Schematische Darstellung des Lösungsdiffusion-Modells für den stationären Zustand unter Berücksichtigung der Löslichkeit S des Permeaten in der Polymermembran der Dicke d nach [6]

Analog zu dem Partialdruck gasförmiger Medien wird für Elektrolyte ein osmotischer Druck $p_{osmotisch}$ in Abhängigkeit der Stoffmengenkonzentration der Lösung c angegeben [56]:

$$p_{osmotisch} = c \cdot i \cdot R \cdot T. \tag{3.13}$$

Der *Van't-Hoff*-Faktor i beschreibt die Anzahl der im Wasser gelösten Ionen, wobei im Falle von Natriumchlorid i den Wert zwei annimmt. R steht für die universelle Gaskonstante und T für die absolute Temperatur in Kelvin.

Der Diffusionskoeffizient bestimmt den Diffusionsfluss J im Inneren der Membran. Für den stationären Zustand[2] wird dieser nach dem ersten *Fick*schen Gesetz (siehe Gleichung 3.11), wie folgt, vereinfacht berechnet:

$$J = -D\frac{c_2' - c_1'}{d}. \tag{3.14}$$

Außerdem ist die Teilchenstromdichte J durch die Polymermembran abhängig vom Permeabilitätskoeffizienten P, dem Partialdruckunterschied Δp über der Membran sowie der Membrandicke d.

$$J = P \cdot \frac{\Delta p}{d}. \tag{3.15}$$

Der Permeabilitätskoeffizient P eines Materials fasst den Löslichkeitskoeffizient S und den Diffusionskoeffizient D zusammen:

$$P = D \cdot S. \tag{3.16}$$

Die Koeffizienten sind temperaturabhängig und können mithilfe der Gleichung von Svante *Arrhenius* (zweite Hälfte des 19. Jahrhunderts) beschrieben werden [99].

[2] Im Inneren der Membran hat sich ein zeitunabhängiges und räumlich stabiles Konzentrationsprofil ausgebildet, anderenfalls ist das zweite *Fick*sche Gesetz anzuwenden.

3.2.2 Materialien und Methoden

Membranherstellung

Um sowohl die Wasserdampf- als auch die Ionendurchlässigkeit der polymeren Einhausungsmaterialien zu bestimmen, war die Herstellung dünner, freitragender Polymermembranen erforderlich. Die Prozessschritte zur Membranherstellung sind schematisch in Abbildung 3.7 veranschaulicht. Herstellungsdetails sind im Protokoll auf Seite A.4 nachzulesen.

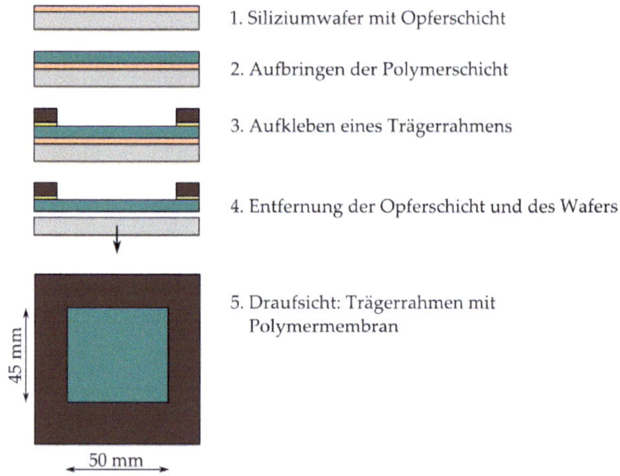

Abbildung 3.7: Prozessschritte zur Herstellung einer Polymermembran

Zu Beginn wurde eine Opferschicht auf einem Wafer aufgebracht, der während des gesamten Herstellungsprozesses als planparalleles und poliertes Substrat diente und anschließend wieder entfernt wurde. Eine 2 µm dicke und wasserlösliche Opferschicht erhielt man durch Rotationsbeschichtung einer Gelatinelösung auf dem Wafer und anschließender Trocknung. Darauf folgte die Beschichtung mit dem jeweiligen Polymer. Im Falle der Silikone und Epoxidharze geschah dies durch Rotationsbeschichtung. Parylene C wurde hingegen im PVD-Prozess auf dem Wafer abgeschieden. Das Polyimid löst sich ohne eine Opferschicht vom Wafer, sodass es direkt auf dem Wafer beschichtet wurde.
Ab einer bestimmten Schichtdicke ist die Durchlässigkeit von dieser unabhängig. Standardmäßig wird dafür ein Wert von 100 µm angegeben. Auch wenn für viele Materialien bereits bei geringeren Schichtdicken eine Materialdicken unabhängige Permeationsrate zu beobachten ist [99]. Da diese für die zu untersuchenden Materialien unbekannt ist, wurde für die bessere Vergleichbarkeit der Ergebnisse eine Zielschichtdicke von 10 µm angestrebt.
Das Aufkleben eines Rahmens aus Aluminiumoxidkeramik geschah nach Aushärtung des Polymers. Dieser dient als Träger der freitragenden Polymermembran nach Entfernung des Wafers und besitzt einen Ausschnitt von 45 mm mal 50 mm. Somit gibt er eine

Diffusionsfläche von 22,5 cm^2 frei. Für die Messung der Wasserdampfdurchlässigkeit erwies sich gerätebedingt eine kleinere Diffusionsfläche als sinnvoll, weshalb die Polymermembranen nachträglich auf Edelstahlfolien mit einen Lochdurchmesser von 20 mm aufgebracht wurden.
Zusätzlich zu den in Abschnitt 2.2 genannten Materialien erfolgte die Herstellung von Membranen aus Polyamid (PA), PEEK und PTFE. Auch wenn diese Materialien ab einer bestimmten Wandstärke nicht mehr flexibel sind, finden diese ebenfalls als polymere Einhausungsmaterialien ihre Verwendung in der Medizintechnik [54]. Allerdings ist die Verarbeitung mittels Spritzguss oder Extrusion deutlich aufwendiger, sodass kommerziell hergestellte Folien für die Membranuntersuchung zum Einsatz kamen.
PEEK findet aufgrund seiner hervorragenden Biokompatibilität, Langzeitstabilität und mechanischen Haltbarkeit zum Beispiel in orthopädischen Implantaten eine Anwendung, um elektronische Baugruppen zur Prothesenüberwachung zu verkapseln [81]. Katheterschläuche, Herzklappen und Nahtmaterial werden unter anderem aus PA (typischerweise PA6 oder PA66) gefertigt [54]. Es ist fraglich, ob dieses Material auch als Einhausungsmaterial geeignet ist. PTFE spielt für die Herstellung eines Stentgrafts und damit für die Einhausung des flexiblen Drucksensormoduls eine entscheidende Rolle, da das Metallgewebe des Stentgrafts durch Elektrospinnen mit PTFE beschichtet wird. Inwieweit auch das Einspinnen der Elektronikeinheit zur Befestigung am Stentgraft und gleichzeitigen Einhausung des Drucksensormoduls sinnvoll ist, wurde für das Projekt ESiMED untersucht.
Im Rahmen einer Diplomarbeit erfolgte der Aufbau und die Charakterisierung zweier mehrschichtiger Membranen mit dem Ziel eines verbesserten Barriereverhaltens [53]. Das Schema zur Herstellung mehrlagiger Membranen ist auf Seite 128 abgebildet.
Das erste Schichtsystem bestand aus einer Silikonschicht (MED6-6606), die hinsichtlich ihrer mechanischen Eigenschaften und ihrer Verarbeitbarkeit von Vorteil ist, und Parylene C, dessen günstige Barriereeigenschaften bekannt sind. Für eine verbesserte Haftfestigkeit des Materialverbundes, wurde im Falle der zweischichtigen Membran (MED6-6606 + Parylene C) eine Plasmabehandlung der Silikonoberfläche mit den folgenden Parametern an der Anlage Derva Clean 450 der Firma Vakuumtechnik, Dresden durchgeführt: Sauerstoffdurchsatz 40 sccm, Plasmaleistung 100 W, Arbeitsdruck 11 Pa und Prozessdauer 60 s. Für eine dreischichtige Membran wurde die Silikonoberfläche mit Titan unter Sauerstoffatmosphäre besputtert. Die 23 nm dicke Titandioxid-Schicht diente sowohl als zusätzliche Barriereschicht als auch als Haftvermittler. Im Vergleich zur Silikonoberfläche besaß die besputterte eine um das vierfache erhöhte Oberflächenenergie [53], welche der Haftfestigkeit innerhalb dieses Schichtaufbaus zuträglich war.

Anordnung zur Bestimmung der Wasserdampfdurchlässigkeit

Die Bestimmung der Wasserdampfdurchlässigkeit (WDD) zur Charakterisierung der Barriereigenschaften einer Membran ist ein etabliertes Verfahren [146]. Das hier verwendete Messgerät HiBarSens® von der Firma Sempa Systems GmbH ist ein Permeationsmesssystem, das die WDD einer Membran mittels Diodenlaser-Absorptionsspektroskopie bestimmt [6]. Das Funktionsprinzip ist schematisch in Abbildung 3.8 verdeutlicht.

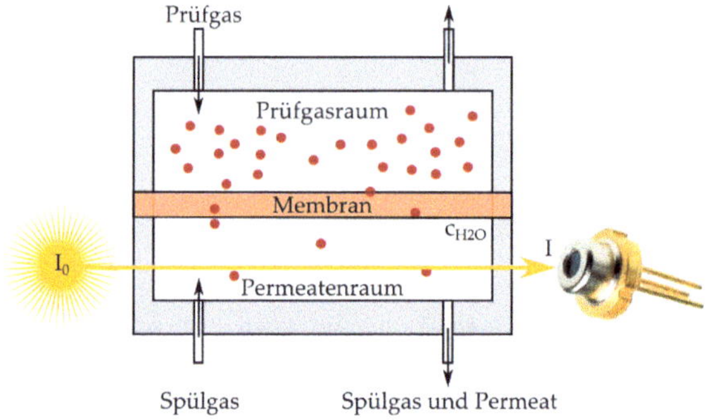

Abbildung 3.8: Schematische Darstellung des Messsystems HiBarSens® zur Bestimmung der WDD bei definiert einstellbaren Parametern von Temperatur und Luftfeuchtigkeit

Das System besteht aus zwei Kammern:

- einen Prüfgasraum mit Wasserdampfkonzentration von 90 % bei einer Temperatur von 38 °C und
- einem Permeatenraum durchströmt von einem konstant trocknen Inertgas (38 °C).

Die Zunahme der Wasserdampfkonzentration c_2 auf der Permeatenseite ist direkt proportional zur WDD (in $\mathrm{g\,m^{-2}\,d^{-1}}$) der Membran und reduziert die Laserintensität I_0 entsprechend des *Lambert-Beer*schen Gesetzes [47]:

$$I(\lambda) = I_0(\lambda) \cdot \mathrm{e}^{-\epsilon_\lambda \cdot c_2 \cdot l}, \tag{3.17}$$

mit ϵ_λ als Extinktionskoeffizienten, λ der Wellenlänge und l der Länge des Permeatenraums.

Anordnung zur Bestimmung der Ionendurchlässigkeit

Zu qualifizierten Untersuchungen im Rahmen dieser Arbeit konnte ein bereits bestehender Messplatz für die Bestimmung der Ionendurchlässigkeit weiterentwickelt werden (vergleiche [8]), um nachteilige Einflüsse der Umgebung wie Temperaturschwankungen, Verdunstung und Verunreinigung der Flüssigkeiten zu unterbinden. Ein vergleichbarer Messaufbau zur Bestimmung der Ionendurchlässigkeit von Polymeren ist aus [111] bekannt.
Der Messplatz besteht aus zwei geschlossenen Kammern aus Borosilikatglas mit einem Füllvolumen von jeweils 250 cm³, die durch die zu untersuchende Polymermembran getrennt sind. Der schematische Aufbau ist in Abbildung 3.9 dargestellt.
Der Keramikträgerrahmen mit der Membran wird durch Hinzufügen von zwei dünnen Dichtungen aus Silikongummi kraftschlüssig zwischen den Glaskammern eingespannt. Ein Heizrührer unter dem beschriebenen Aufbau sorgt während der Messung für eine

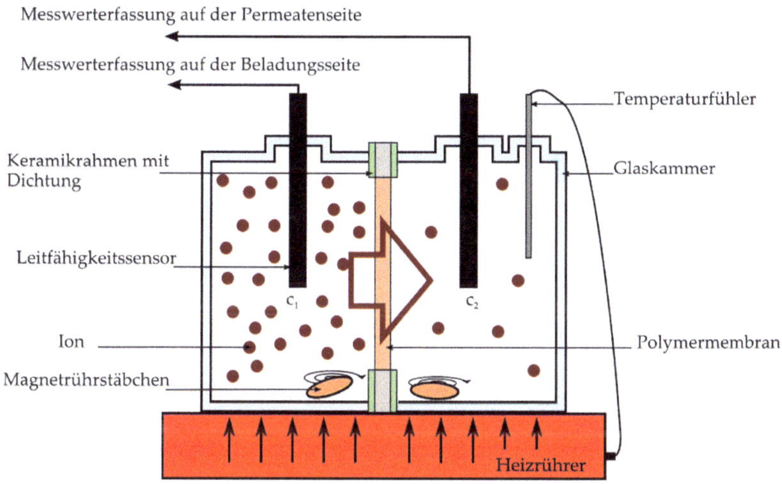

Abbildung 3.9: Darstellung des Messplatzes zur Bestimmung der Ionendurchlässigkeit im Querschnitt

gleichbleibende Temperatur und für eine gleichmäßige Konzentrationsverteilung innerhalb der beiden Glaskammern. Das Befüllen der Glaskammern mit unterschiedlich konzentrierten Elektrolytlösungen verursacht einen Konzentrationsgradienten und damit einen Diffusionsstrom durch die Membran.
Erfassen lassen sich die Konzentrationsänderungen über eine Leitfähigkeitsmessung mithilfe von Leitfähigkeitselektroden verbunden mit der Auswerteeinheit SevenMulti (beides von der Firma Mettler-Toledo. Intl. Inc.).
Es standen verschiedene Elektroden mit unterschiedlichen Messbereichen zur Verfügung. Die Inlab 730 ist für Leitfähigkeiten von 0,01 $mS\,cm^{-1}$ bis 1000 $mS\,cm^{-1}$ ausgelegt und die Inlab 740 für einen Messbereich von 0,001 $\mu S\,cm^{-1}$ bis 500 $\mu S\,cm^{-1}$. Die letztgenannte Leitfähigkeitselektrode war für die Messung im Reinstwasser geeignet.
Zur Bestimmung der Ionendurchlässigkeit der Polymermembranen erwies sich das folgende Vorgehen bei einer körpernahen Versuchstemperatur von 40 °C und einer Messwerterfassung im Abstand von fünf Minuten als zweckmäßig:

1. Beide Glaskammern wurden mit Reinstwasser befüllt, das alle 48 Stunden auszuwechseln war, solange bis kein Leitfähigkeitsanstieg mehr zu beobachten war. Dadurch war eine kontaminationsfreie Versuchsumgebung sichergestellt.

2. Für die eigentliche Messung erfolgte die Befüllung der einen Glaskammer mit einer Elektrolytlösung (Beladungsseite) und der zweiten Glaskammer mit Reinstwasser (Permeatenseite).

Die Versuchsparameter zur Bestimmung der Ionendurchlässigkeit sind in Tabelle 3.2 aufgeführt.

Tabelle 3.2: Anfangs- und Untersuchungsbedingungen für die Bestimmung der Ionendurchlässigkeit

Merkmal	Beladungsseite	Permeatseite
Befüllung	NaCl-Lösung	Reinstwasser
Ionenkonzentration (in $\mathrm{g\,cm^{-3}}$)	0,1	0
Ionenkonzentration (in $\mathrm{\mu mol\,cm^{-3}}$)	1700	0
Leitfähigkeit (in $\mathrm{\mu S\,cm^{-1}}$)	159700 ± 800	$0{,}2 \pm 0{,}1$
Temperatur (in °C)	40	40
Leitfähigkeitselektrode	keine	Inlab 740
Messintervall	-	5 min

Von den in Körperflüssigkeiten dissoziierten Salzen besitzt Natriumchlorid die höchste Konzentration. Im Blutplasma liegen gelöste Natriumionen mit $135\,\mathrm{\mu mol\,cm^{-3}}$ bis $150\,\mathrm{\mu mol\,cm^{-3}}$ und gelöste Chloridionen mit $99\,\mathrm{\mu mol\,cm^{-3}}$ bis $112\,\mathrm{\mu mol\,cm^{-3}}$ vor [7]. Die isotonische Kochsalzlösung beinhaltet eine etwas höhere Konzentration beider Ionen von $154\,\mathrm{\mu mol\,cm^{-3}}$ und wirkt osmotisch auf das menschliche Blut.
Als Ionenkonzentration c_1 auf der Beladungsseite wurde, im Vergleich zur physiologischen Kochsalzlösung, eine um mehr als das Zehnfache erhöhte Konzentration gewählt. Der überhöhte Konzentrationsgradient erlaubte bei dem vorhanden Versuchsaufbau die Erfassung von Messwerten in einem sinnvollen Versuchszeitraum von wenigen Wochen.

3.2.3 Ergebnisse zur Wasserdampfdurchlässigkeit

Die WDD beschreibt die Stoffmenge von Wasserdampf n_{H_2O} die durch eine bestimmte Probenfläche A eines Materials in einer definierten Zeit Δt (in Tagen) permeiert. Diese Kenngröße wird in einem technischen Zusammenhang als Massenstromdichte WDD (englisch water vapor transmission rate (WVTR)) mit der Einheit $\mathrm{g\,m^{-2}\,d^{-1}}$ angegeben[3]:

$$WDD = \frac{n_{H_2O} \cdot M_{H_2O}}{A \cdot \Delta t}, \tag{3.18}$$

mit M_{H_2O} der molaren Masse von Wasser [6]. Der Wert beschreibt die WDD für den stationären Zustand. Dieser ist erreicht, wenn die Massenstromdichte keiner zeitabhängigen Veränderung mehr unterliegt, das heißt der Konzentrationsgradient über der Membran vollständig ausgeprägt ist.
Eine Vergleichbarkeit der WDD verschiedener Proben setzt gleichbleibende Messbedingungen voraus. Das sind die Temperatur und der Wasserdampfpartialdruck (indirekt die relative Feuchte in Abhängigkeit der Messtemperatur) beidseitig der Probe.
Der Permeabilitätskoeffizient P steht mit der WDD in folgenden Zusammenhang [6]:

$$P = \frac{WDD \cdot d}{\Delta p}, \tag{3.19}$$

[3] Die Verwendung von SI-Einheiten ist für diese Größen weniger gebräuchlich, daher finden aufgrund der besseren Vergleichbarkeit die technischen Einheiten Verwendung.

Die Angabe des Permeabilitätskoeffizienten ist stoffspezifisch und gilt nur für isotrope, defektfreie Proben.

WDD einschichtiger Polymermembranen

Die Ergebnisse der WDD-Messung für die beschriebenen Materialien sind in der Tabelle 3.3 aufgelistet. Neben der Schichtdicke der einzelnen Membranen ist der ermittelte Wert für die WDD aufgeführt. Unter Annahme defektfreier Membranen, also eines Stofftransportes der ausschließlich auf Lösungsdiffusion beruht, wurde der Permeabilitätskoeffizient der einzelnen Membranen ermittelt.

Tabelle 3.3: Schichtdicke d, Wasserdampfdurchlässigkeit WDD und Permeabilitätskoeffizient P bei 90 % Luftfeuchtigkeit und 38 °C der einschichtigen Polymermembranen

Membranmaterial	Schichtdicke d (in µm)	WDD WDD (in $\frac{g}{m^2\,d}$)	Permeabilitätskoeffizient P (in $\frac{g\,\mu m}{m^2\,d\,Pa}$)
MED-6215	12,5 ± 1,9	37,13 ± 1,5	0,08
MED6-6606	3,8 ± 0,4	17,7 ±0,09	0,01
Sylgard-184	11 ± 1,0	913 ± 1,1	1,68
PI-2611	9,7±0,6	5,06 ±0,03	0,008
Parylene C	6 ±0,4	11,86 ± 0,1	0,01
EPO-TEK-310M-1	6,9 ±0,5	51790 ±22	59,7
PTFE	10,5 ± 0,3	375,6 ± 0,58	k.A.*
PEEK	8 ±0,1	139,8 ± 2	0,19
PA6	18 ±0,2	110,8 ±1,6	0,33

* Folie ist aufgrund des Herstellungsverfahrens nicht porenfrei

Die geringste WDD wies das Polyimid PI-2611 mit einen Wert von 5,06 g m^{-2} d^{-1} auf, gefolgt von Parylene C mit einen um das 2,3-fache höheren Wert. In der Literatur sind die WDD unter vergleichbaren Versuchsbedingungen für Polyimid mit 10 g m^{-2} d^{-1} und für Parylene C mit 13 g m^{-2} d^{-1} angegeben [48, 146, 147].
Die höchste Durchlässigkeit gegenüber Wasserdampf ließ sich für das Epoxidharz EPO-TEK-310M-1 nachweisen. Der Wert liegt um mehr als das 10.000-fache über der WDD von Polyimid und auch weit über den ermittelten Werten für die WDD der Silikone (um das 56-fache für Sylgard-184 und das 2925-fache für MED6-6606). In der Literatur wird angegeben, dass das diesbezügliche Barriereverhalten von Epoxidharzen besser sei als das der Silikone [33, 139]. Ein Vergleichswert für ein unbestimmtes Epoxidharz ist mit 90 g m^{-2} d^{-1} genannt. Allerdings ist diese Aussage aufgrund der großen Materialvielfalt innerhalb von Gruppen von Polymeren, wie es zum Beispiel Epoxide und Silikone sind, sehr differenziert zu betrachten [52], sodass einzelne Materialien, insbesondere ein flexibles Epoxidharz, durchaus abweichende Merkmale zeigen kann.
Silikone sind für ihre hohe Permeabilität gegenüber Wasserdampf bekannt [33, 49, 139].

Auffällig ist, dass die drei untersuchten Silikonmaterialien eine WDD in einem weiten Bereich von 17,7 g m^{-2} d^{-1} bis 913 g m^{-2} d^{-1} besitzen. Ähnliche Werte sind auch in der Literatur zu finden, wobei die WDD für Silikone im Bereich von 170 g m^{-2} d^{-1} bis 4750 g m^{-2} d^{-1} angegeben wird [33].
Bei dem Flourpolymer PTFE wie auch bei den anderen thermoplastischen Polymeren PEEK und PA6 wurde eine WDD gemessen, die im Bereich der WDD der Silikone liegt. Die vergleichsweise hohe WDD für die untersuchte PTFE-Folie ist mit deren Herstellungsverfahren (Elektrospinning) zu erklären, weshalb von Poren in der Membran auszugehen ist, die eine höhere Permeabilität begünstigen.
Der Permeabilitätskoeffizient berücksichtigt die Membrandicke, weshalb ein Ergebnisvergleich der einzelnen Membran untereinander nicht sinnvoll ist.

WDD mehrlagiger Polymermembranen

Die WDD der zwei- und dreilagigen Membranen bestehend aus dem Silikon MED6-6606 und Parylene C sowie Titandioxid im Falle der dreilagigen Membran sind in der Abbildung 3.10 aufgeführt. Diese Membranen besaßen eine Dicke von 10 µm. Die Vergleichswerte für die Einzelmembranen können Tabelle 3.3 entnommen werden. Erkennbar ist die verbesserte Barrierewirkung der mehrschichtigen Membran um einen Faktor von mindestens 2,6 im Vergleich zur Einzelmembran aus Silikon.

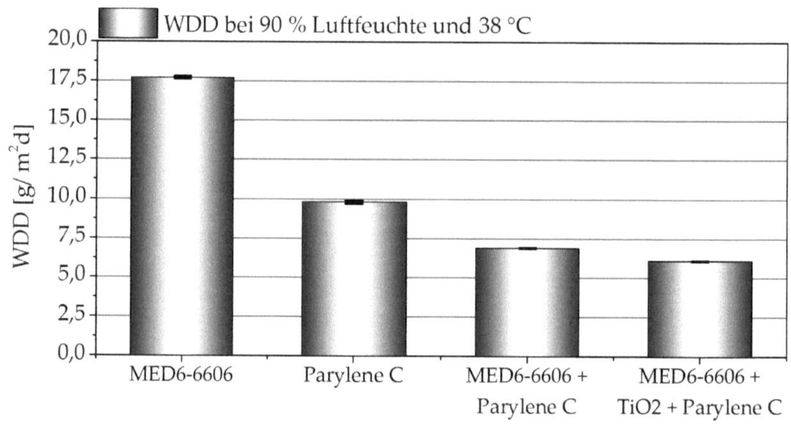

Abbildung 3.10: WDD ein- und mehrlagiger Membranen [53]

Ausgehend von den Ergebnissen für einschichtige Membranen kann die zu erwartende WDD für mehrschichtige Membranen ohne anorganische Zwischenschicht berechnet werden [99, 104]. Demnach wird die WDD der zweilagigen Membran (MED6-6606 + Parylene C) wie folgt ermittelt [53]:

$$WDD_{zweilagig} = \left(\frac{1}{WDD_{MED6-6606}} + \frac{1}{WVTR_{ParyleneC}} \right)^{-1} = 6,3 \frac{g}{m^2 d}. \tag{3.20}$$

Damit liegt dieser Wert mit einer Differenz von 0,6 $g\,m^{-2}\,d^{-1}$ unter dem experimentell ermittelten.
Die verbesserte Barrierewirkung aufgrund einer anorganischen Schicht findet im Barriereverbesserungsfaktor (engl. Barrier Improvement Factor) (BIF) Ausdruck und gibt das Verhältnis der Durchlässigkeit (hier WDD) der organischen Membran WDD_0 zur Membran WDD_1 mit der anorganischen Barriereschicht wieder:

$$BIF = \frac{WDD_0}{WDD_1}. \tag{3.21}$$

Demnach kann aufgrund der 23 nm dicken Titandioxid-Schicht eine Verbesserung von $BIF = 1,14$ erzielt werden. Durch eine Erhöhung der Schichtdicke der anorganischen Zwischenschicht lässt sich der BIF auch in Abhängigkeit des Materials deutlich erhöhen [147].

3.2.4 Ergebnisse zur Ionendurchlässigkeit

Die elektrische Leitfähigkeit κ des Permeaten steht im direkten Zusammenhang zu der Ionenkonzentration c_2 (c_+ für Anionen, c_- für Kationen):

$$\kappa = F_a \cdot (z_+ \cdot c_+ \cdot u_+ + z_- \cdot c_- \cdot u_-), \tag{3.22}$$

mit F_a der *Faraday*-Konstante (9,6485 $\times$ 10^5 $A\,s\,mol^{-1}$), z der Ladungszahl der Ionen (für NaCl ist $z_+ = z_- = 1$) und u der Ionenbeweglichkeit. Damit ergibt sich die elektrische Leitfähigkeit einer NaCl-Lösung in Abhängigkeit von der Ionenkonzentration folgendermaßen

$$\kappa_{NaCl} = F_a \cdot c \cdot (u_{Na^+} + u_{Cl^-}) = c \cdot (\lambda_{Na^+} + \lambda_{Cl^-}). \tag{3.23}$$

Die Ionenäquivalentleitfähigkeit $\lambda = F \cdot u$ ist entsprechend der *Stokes*schen Gleichung indirekt proportional zur Viskosität, die ebenfalls in einer indirekten Proportionalität zur Temperatur steht [143]. Damit ergibt sich eine direkte Abhängigkeit der Ionenbeweglichkeit von der Temperatur. Für eine Versuchstemperatur von 40 °C und in sehr großer Verdünnung beträgt die Ionenäquivalentleitfähigkeit λ für Natriumionen ungefähr 70 $S\,cm^2\,mol^{-1}$ und für Chlorionen ungefähr 100 $S\,cm^2\,mol^{-1}$ [143], wonach sich die Leitfähigkeit auf der Permeatenseite in Abhängigkeit von der Ionenkonzentration mit

$$\kappa_2 = \kappa_{NaCl} \approx 170\,\frac{S\,cm^2}{mol} \cdot c_2, \tag{3.24}$$

darstellt.
Eine experimentell ermittelte Referenzkurve für die Leitfähigkeit einer Natriumchloridlösung bei 40 °C ergab

$$\kappa_2 = 0,2 \cdot 10^{-6}\,\frac{S}{cm} + 168,9\,\frac{S\,cm^2}{mol} \cdot c_2, \tag{3.25}$$

mit einem Korrelationskoeffizienten $r = 0,99979$. Dafür wurden die Leitfähigkeiten verschieden konzentrierter Natriumchloridlösungen (0 $\mu mol\,cm^{-1}$ bis 17,1 $\mu mol\,cm^{-1}$) mit der Leitfähigkeitselektrode Inlab 740 bei 40 °C gemessen. Der Offset von 0,2 $\mu S\,cm^{-1}$ entspricht dem Messwert für Reinstwasser.

Die Abbildung 3.11 zeigt die Konzentrationszunahme auf der Permeatenseite. Die Beobachtung einer sehr hohen Ionendurchlässigkeit und eines Überschreitens des Messbereiches der Elektroden führten zum Abbruch des Versuches. In der Regel erfolgten die Messungen über eine Zeitdauer von mindestens 31 Tagen, was einem langfristigen Einsatz von Medizinprodukten am Patienten entspricht.

Mit Ausnahme des Diagramms für die thermoplastischen Membranen (PTFE, PEEK, PA6) ist die Ordinate entweder auf den Messbereich der Leitfähigkeitselektrode[4] begrenzt oder entsprechend kleinerer Messwerte angepasst. Im Falle der thermoplastischen Membranen sind zur Veranschaulichung des Membranverhaltens Messpunkte gezeigt, die außerhalb des angegeben Messbereiches liegen. Im Langzeitversuch zeigten die einzelnen Membranen sehr unterschiedliche Durchlässigkeiten gegenüber Natrium- und Chloridionen und damit sehr charakteristische Konzentrationszunahmen in Abhängigkeit der Zeit.

Von den Silikonen weist MED6-6606 das günstigste Barriereverhalten auf. Innerhalb des Versuchszeitraums wird eine Konzentration von 0,04 $\mu mol\,cm^{-3}$ nicht überschritten. Allerdings wurde auch keine Sättigung erreicht. Eine völlig andere Ionendurchlässigkeit ließ sich bei MED-6215 und Sylgard-184 beobachten, die sich in einem exponentiellen Anstieg der Konzentration innerhalb weniger Tage verdeutlichte. Diese starken Durchlässigkeiten im Vergleich zu MED6-6606 weisen auf Fehlstellen und Poren in der Membran hin, die jedoch mikroskopisch nicht nachweisbar waren. Allerdings zeigte sich für Sylgard-184 erst nach ca. 9 Tagen ein exponentieller Anstieg der Konzentration. Es ist davon auszugehen, dass der hohe osmotische Druck, den die Membranen während des Versuchs ausgesetzt waren, die Sylgard-184 Membran beschädigte.

Polyimid PI-2611 ist von allen untersuchten Membranen am undurchlässigsten gegenüber Natrium- und Chloridionen. Im Verlauf der Messung nähert sich die Konzentration einem Höchstwert von 0,014 $\mu mol\,cm^{-3}$ an. Es zeichnet sich das Erreichen einer Sättigung nach 28 Tagen ab. Innerhalb der ersten 418 Stunden (17,4 Tage) des Experiments zeigt Parylene C ein besseres Barriereverhalten als PI-2611. Dann stieg die Konzentration schlagartig an. Dieser Durchbruch ist auf eine Materialermüdung aufgrund des hohen osmotischen Drucks zurückzuführen. Eine ähnliche Materialermüdung in wässriger Umgebung war ebenso bei der Untersuchung der Wasseraufnahme zu beobachten.

Bei der Epoxidharzmembran EPO-TEK-310M-1 war während der gesamten Versuchsdauer ein weitgehend linearer Konzentrationsanstieg von 0,057 $\mu mol\,cm^{-3}\,d^{-1}$ zu verzeichnen.

Die PTFE-Membran war gegenüber den Ionen am durchlässigsten im Vergleich zu den übrigen Membranen, weshalb die Messung bereits nach zwei Tagen beendet wurde. Dieses Verhalten war zu erwarten, da bei dem Herstellungsverfahren Elektrospinning keine homogene, defektfreie PTFE-Schicht produziert wurde.

[4] Die Leitfähigkeit von 0 $\mu S\,cm^{-1}$ bis 500 $\mu S\,cm^{-1}$ entspricht gemäß Gleichung 3.25 einer Konzentration von 0 $\mu mol\,m^{-3}$ bis 3 $\mu mol\,m^{-3}$.

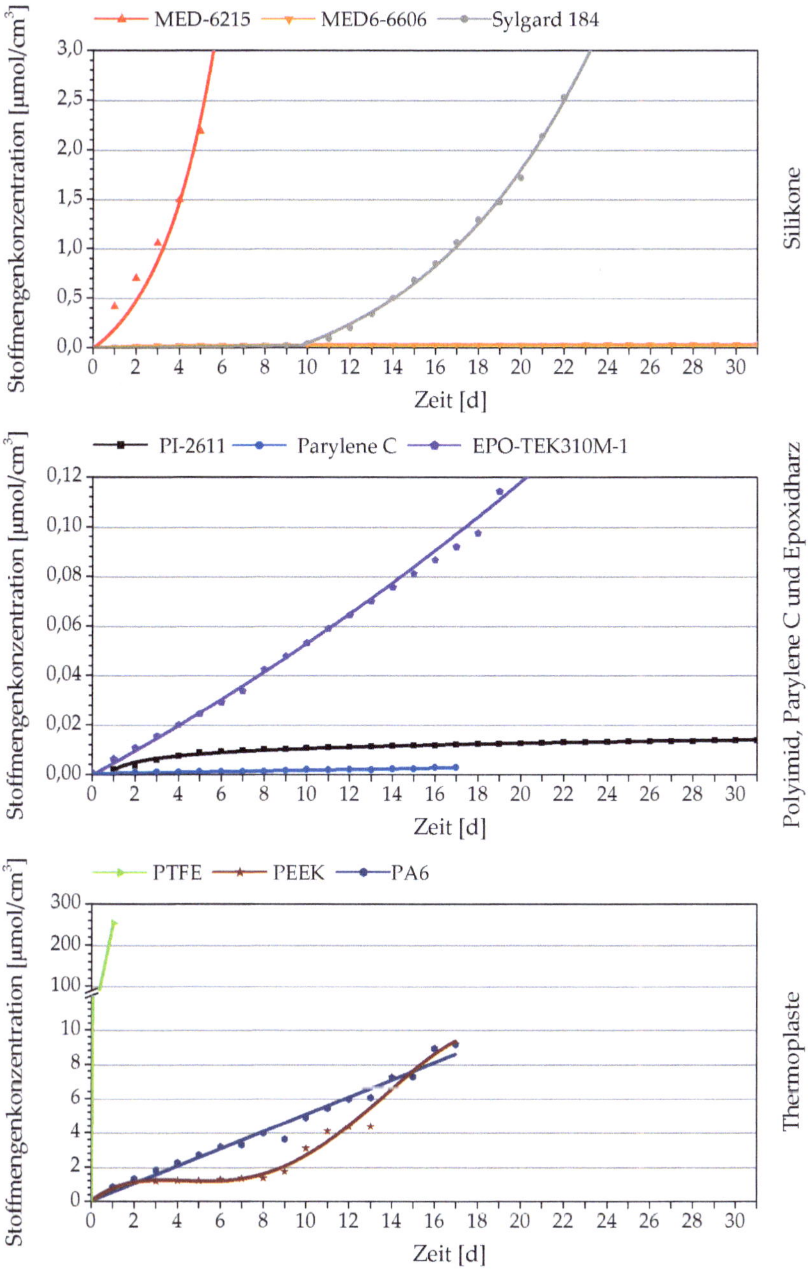

Abbildung 3.11: Leitfähigkeit in der Permeatenlösung in Abhängigkeit von der Zeit

Auch PEEK und PA6 besitzen eine außerordentlich hohe Durchlässigkeit, wobei PA6 einen linearen Anstieg der Konzentration von ca. 0,502 µmol cm^{-3} d^{-1} zeigt. Bei der Membran aus PEEK waren innerhalb der verkürzten Versuchsdauer von 18 Tagen verschiedene Phasen mit unterschiedlich starken Konzentrationsanstiegen zu verzeichnen. Diese stufenartigen Konzentrationsanstiege können auf Wechselwirkungen mit den Polymerketten zurückzuführen sein, die bis zum Erreichen einer bestimmten inneren Sättigung die Ionendurchlässigkeit begrenzt, gefolgt von einer Phase erhöhter Durchlässigkeit.
Obwohl alle Membranen auf die gleiche Weise präpariert und auf mikroskopische Fehlstellen überprüft wurden, zeigten insbesondere MED-6215, Sylgard-184 und PEEK im Langzeitversuch ein ungünstiges Barriereverhalten. Dies lässt sich auf andere Transportmechanismen als reine Lösungsdiffusion zurückzuführen.

Von besonderem Interesse ist der Konzentrationsverlauf innerhalb der ersten 24 Stunden (siehe Abbildung 3.12). Innerhalb dieses Zeitraums ist die Ionenkonzentration auf der Permeatenseite vernachlässigbar gering und eine Betrachtung der Transportvorgänge nach dem *Fick*schen Gesetz möglich. Diese Annahme kann, anders als für die Langzeitmessung, getroffen werden, da die Membranen innerhalb der ersten 24 Stunden einen Anstieg der Konzentration zeigen, der sich in guter Näherung als linear beschreiben lässt. Anhand der Konzentrationsanstiege ließen sich die Ionendurchlässigkeiten der einzelnen Membranen für den Anfangszustand der Messung bestimmen. Bereits nach zwei bis vier Stunden stellt sich ein relativ konstanter Konzentrationsgradient ein (stationäre Bedingungen). Als Ionendurchlässigkeit wird die Menge dissoziierter Ionen n_{Ion} verstanden, die in der Zeit t die Membranfläche A durchwandern:

$$J_{Ion} = \frac{n_{Ion}}{A \cdot \Delta t} = \frac{\Delta c_2 \cdot V}{A \cdot \Delta t}, \tag{3.26}$$

wobei der Teilchenfluss J üblicherweise mit der Einheit mol m^{-2} s^{-1} angegeben wird. Δc_2 ist die Konzentrationszunahme auf der Permeatenseite und V das jeweilige Volumen. Die Umrechnung in die Einheit g m^{-2} d^{-1} geschieht zu Gunsten einer besseren Vergleichbarkeit der Ergebnisse mit denen der WDD (siehe Tabelle 3.4).
Unter Verwendung der Gleichung (3.13) zur Berechnung des osmotischen Drucks und unter Annahme des *Fick*schen Gesetzes lässt sich der Permeabilitätskoeffizienten in Abhängigkeit der Konzentrationsdifferenz $c_1 - c_2 \approx c_1$ über der Membran folgendermaßen beschreiben:

$$P = \frac{\Delta c_2 \cdot V \cdot d}{A \cdot \Delta t \cdot \Delta p_o} = \frac{\Delta c_2 \cdot V \cdot d}{A \cdot \Delta t \cdot i \cdot R \cdot T \cdot c_1}. \tag{3.27}$$

Der osmotische Druck einer Natriumchloridlösung bei einer Temperatur von 40 °C und einer Ionenkonzentration von 1,7 mmol cm^{-3} beträgt $8{,}84 \times 10^6$ Pa.
Die beschriebene Betrachtung geht davon aus, dass die Transportvorgänge an der Membran ausschließlich dem Konzentrationsgradienten über der Membran, nicht aber einer elektrischen Potentialdifferenz folgt. Diese Annahme setzt voraus, dass Anionen wie Kationen gleichermaßen durch die Polymermembran permeieren [56]. Außerdem ist eine defektfreie Membran zur Bestimmung des Permeabilitätskoeffizienten Voraussetzung.

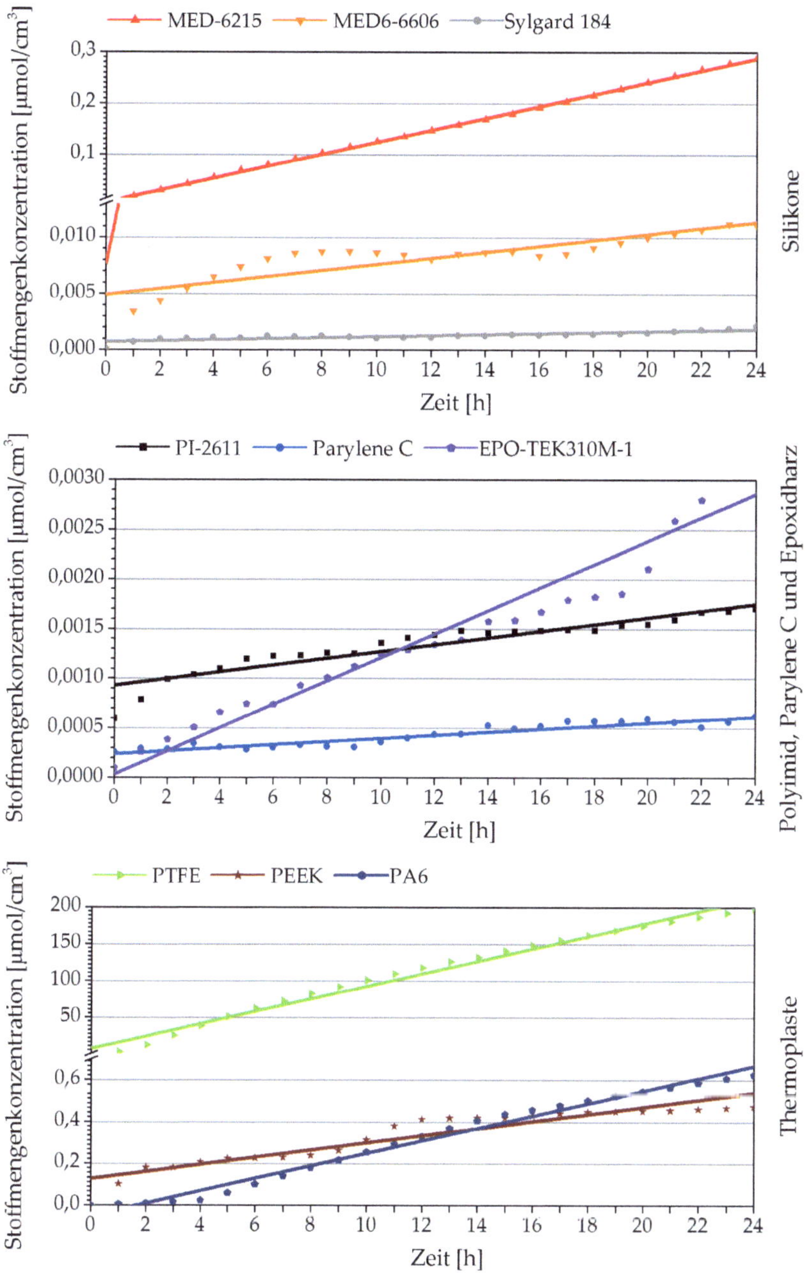

Abbildung 3.12: Konzentrationsänderung in der Permeatenlösung in den ersten 24 h

Tabelle 3.4: Schichtdicke d, Ionendurchlässigkeit J_{Ion} und Permeabilitätskoeffizient P der einschichtiger Membranen

Membranmaterial	Schichtdicke d (in µm)	Ionendurchlässigkeit J_{Ion} (in $\frac{mg}{m^2 d}$)	Permeabilitätskoeffizient P (in $\frac{\mu g \mu m}{m^2 d Pa}$)
MED-6215	12,5 ± 1,9	1818,6 ± 7,1	k.A.*
MED6-6606	12,6 ± 0,4	41,8 ±3,8	0,060
Sylgard-184	11,0 ± 1,0	7,1 ± 0,5	0,009
PI-2611	9,7±0,6	5,3 ± 0,3	0,006
Parylene C	6,0 ±0,4	2,4 ± 0,1	0,002
EPO-TEK-310M-1	6,9 ±0,5	18,3 ± 0,9	0,014
PTFE	10,5 ± 0,3	1323313,8 ± 23061,2	k.A.*
PEEK	8,0 ±0,1	2668,0 ± 144,8	2,414
PA6	18,0 ±0,2	4645,6 ± 83,5	9,459

* Membran ist nicht porenfrei

Die dargestellten Ergebnisse sind auf Grundlage der Probenpräparation und der Versuchsbedingungen (siehe Versuchsparameter in Tabelle 3.2) neuartig und lassen damit keinen direkten Vergleich mit Werten aus der Literatur zu. Darüber hinaus lassen sich die Ergebnisse untereinander vergleichen und mit allgemein gültigen Aussagen zum Permeabilitätsverhalten der Polymere in Verbindung bringen.

Die geringste Ionendurchlässigkeit wurde für Parylene C ermittelt (2,4 $mg\,m^{-2}\,d^{-1}$), gefolgt von Polyimid PI-2611, dessen Ionendurchlässigkeit im Vergleich zu der von Parylene C um mehr als das Doppelte erhöht ist.

Aus der Abbildung 3.12 und der Tabelle 3.4 wird ersichtlich, dass die Silikone im Experiment eine Ionendurchlässigkeit von 7,1 $mg\,m^{-2}\,d^{-1}$ bis 1819 $mg\,m^{-2}\,d^{-1}$ aufweisen. Der um das 256-fach höhere Wert für MED-6215 im Vergleich zu Sylgard-184 belegt, dass aus dem Material MED-6215 keine defektfreie Membran mittels Spin-Coating herstellbar war.

Das Epoxidharz EPO-TEK-310M-1 besitzt wie auch bei der WDD eine Ionendurchlässigkeit, die im Bereich der der Silikone liegt.

Die thermoplastischen Membranen liegen in ihrer Ionendurchlässigkeit deutlich über den anderen Materialien. PEEK besitzt eine Durchlässigkeit von 2668 $mg\,m^{-2}\,d^{-1}$ und ist damit nur halb so durchlässig wie PA6. Wie bereits beschrieben, weist die PTFE-Membran die höchste Ionendurchlässigkeit auf.

3.2.5 Zusammenfassung

Wie zu erwarten, ist die Durchlässigkeit gegenüber Wassermolekülen aufgrund ihrer Kleinheit für alle Materialien größer als die Durchlässigkeit gegenüber Natrium- und Chloridionen. In der Abbildung 3.13 sind die Ergebnisse zusammenfassend dargestellt. Materialien wie das Polyimid PI-2611, Parylene C und auch das Silikon MED6-6606 (grüner Bereich in Abbildung 3.13) weisen sowohl eine geringe Durchlässigkeit gegenüber Wasserdampf als auch gegenüber Ionen auf und sind damit als Einhausungsmaterialien hinsichtlich dieser Parameter zu bevorzugen.

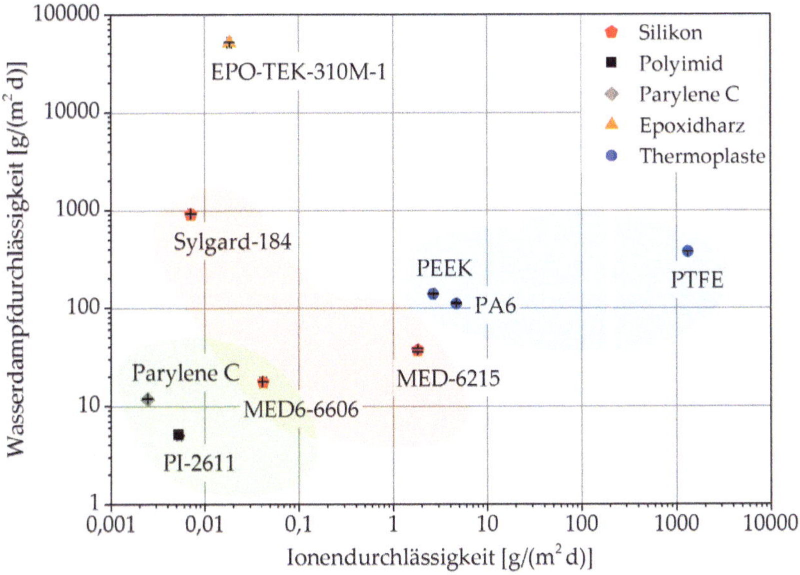

Abbildung 3.13: WDD und Ionendurchlässigkeit der untersuchten Materialien

Sowohl das Epoxidharz als auch die thermoplastischen Materialien kommen aufgrund ihrer hohen Durchlässigkeiten als Einhausungsmaterialien nicht infrage.
Insbesondere die Verwendung der untersuchten PTFE-Folie als Einhausung des Drucksensormoduls für den Stentgraft ist nicht zu empfehlen. Die Messungen ergaben eine praktisch vollständige Durchlässigkeit gegenüber Wasserdampf und Ionen. Lediglich als mechanische Fixierung des Moduls am Stentgraft kann die PTFE-Folie dienen.
Aus der Abbildung 3.13 wird weiterhin ersichtlich, dass eine vergleichsweise höhere Durchlässigkeit eines Polymers gegenüber Wasserdampf nicht gleichzeitig eine höhere Ionenpermeabilität begründet.
Zukünftige Untersuchungen sollten sowohl eine Variation der Konzentration als auch der Ionenarten berücksichtigen. Eine Modifikation der Schichtdicken ist ebenfalls von Interesse, auch wenn unter den technischen Voraussetzungen für viele Materialien die Schichtdicke nicht beliebig einstellbar ist. Von großem Interesse wäre es, die Membrandicke eines Polymers zu ermitteln, ab der die Durchlässigkeit unabhängig von der Materialdicke ist.
Die Untersuchungen zur Ionendurchlässigkeit haben gezeigt, dass sich im Langzeitversuch das Barriereverhalten einiger Membranen grundsätzlich veränderte. Eine Ursache

kann im osmotischen Druck, der aufgrund des Konzentrationsgradienten über der Membran wirkt, gefunden werden. Dieser Fall hat allerdings keine praktische Relevanz, da das Einhausungsmaterial nicht als freitragende Membran ausgeführt und damit auch nicht einer solchen mechanischen Belastung ausgesetzt sein wird.

3.3 Diskussion zum Barriereverhalten der Polymere

Die Ergebnisse zur Wasseraufnahme sowie zur Wasserdampf- und Ionendurchlässigkeit belegen, dass sich zwischen diesen Größen kein direkter Zusammenhang ableiten lässt. In der Fachliteratur wird beschrieben, dass eine erhöhte Wasseraufnahme auch eine erhöhte WDD begünstigt, wie es bei dem untersuchten Epoxidharz und auch beim PA beobachtet wurde. Allerdings ist diese Aussage aufgrund der gerade beschriebenen Untersuchungen differenziert zu betrachten. Polyimid, das eine vergleichsweise hohe Wasseraufnahme besitzt (1,47 %), sich aber durch eine sehr geringe WDD (5,06 $\mathrm{g\,m^{-2}\,d^{-1}}$) und Ionendurchlässigkeit (5,3 $\mathrm{mg\,m^{-2}\,d^{-1}}$) auszeichnet, ist ein gegenteiliges Beispiel. Genau entgegengesetzte Verhältnisse ließen sich für Silikone beobachten. Sie besitzen im Vergleich zu allen untersuchten Materialien die geringste Wasseraufnahme (0 % bis 0,07 %), aber trotz ihrer hydrophoben Oberfläche eine der höchsten Durchlässigkeiten gegenüber Wasserdampf (17,7 $\mathrm{g\,m^{-2}\,d^{-1}}$ bis 913 $\mathrm{g\,m^{-2}\,d^{-1}}$) und Ionen (7,1 $\mathrm{mg\,m^{-2}\,d^{-1}}$ bis 1819 $\mathrm{mg\,m^{-2}\,d^{-1}}$).

Ein qualitativer Vergleich der einzelnen Untersuchungsergebnisse, die das Barriereverhalten der Polymere beschreiben, ist der Tabelle 3.5 zu entnehmen.

Tabelle 3.5: Qualitativer Vergleich des Barriereverhaltens der untersuchten Polymere mit einer Wichtung der Untersuchungsergebnisse von ++ (niedrige Werte/ sehr gut) bis - - (hohe Werte/ ungeeignet)

Polymer	Wasseraufnahme	WDD	Ionendurchlässigkeit
MED-6215	++	-	- -
MED6-6606	++	○	○
Sylgard-184	+	- -	-
PI-2611	-	++	++
Parylene C	○	+	+
EPO-TEK-310M-1	- -	- -	-
PTFE-Membran	++	- -	- -
PEEK-Membran	○	- -	- -
PA6-Membran	- -	- -	- -

Eine geringe Wasseraufnahme führt zu geringeren Veränderungen der mechanischen und elektrischen Eigenschaften, weshalb die Silikone unter diesen Aspekt den anderen Polymeren vorzuziehen sind. Das Polyimid und Parylene C weisen hervorragende Un-

durchlässigkeit gegenüber Wasserdampf und Ionen auf, allerdings nehmen sie mehr Wasser auf als die Silikone. Im Langzeitversuch in wässriger Umgebung wies das Parylene C eine verringerte mechanische Beständigkeit auf, was in der qualitativen Wichtung berücksichtigt wurde.
Dem Epoxidharz wie auch dem PA6 lassen sich ein ungünstiges Barriereverhalten zuschreiben und sind sowohl hinsichtlich der Wasseraufnahme als auch der Durchlässigkeit als Einhausungsmaterial ungeeignet.
Trotz geringer Wasseraufnahme (PTFE < 0,01 % und PEEK 0,5 %) sind PTFE und PEEK besonders durchlässig gegenüber Wasserdampf und Ionen. Mit einer Materialstärke von ca. 1 mm wird PEEK erfolgreich als Einhausungsmaterial in Kombination mit Prothesen (langfristige Implantationsdauer) eingesetzt.
Die Ergebnisse in ihrer Gesamtheit legen nahe, dass mit einer Polymerschicht allein keine ausreichende Barriere gegenüber Wassermolekülen und Ionen erzielt werden kann. Vergleichswerte aus der Literatur bestätigen die vorgestellten Ergebnisse, wenn ein direkter Vergleich aufgrund der unterschiedlichen Untersuchungsbedingungen und der Materialvielfalt überhaupt möglich ist. Der Aufbau einer mehrlagigen Einhausung insbesondere mit einer anorganischen Zwischenschicht führt zu einer deutlichen Verbesserung des Barriereverhaltens.

4 Haftfestigkeit der Einhausungsmaterialien

4.1 Problemstellung

Wie aus den Ergebnissen zum Barriereverhalten (Kapitel 3) und den Darstellungen aus Abschnitt 2.3 ersichtlich wird, ist die Haftfestigkeit der Einhausungsmaterialien untereinander und auf der elektronischen Baugruppe von zentraler Bedeutung. Erst durch Delaminationen (eine defektfreie Einhausung ohne Lufteinschlüsse und Risse vorausgesetzt) kann Wasser in den entstehenden Hohlräumen kondensieren und Korrosionsprozesse initiieren [115, 142].
Entsprechend des Anwendungsbeispiels eines flexiblen Drucksensormoduls für den Stentgraft (siehe Abbildung 1.5 auf Seite 6) sind folgende Materialverbindungen hinsichtlich ihrer Haftfestigkeit zu berücksichtigen:

- Polymer auf Polymer (z.B. Einhausung und Substrat),
- Metall auf Polymer (z.B. Metallisierung auf Substrat),
- Polymer auf Metall (z.B. Einhausung auf Metallisierungen (Leiterzüge)) und
- Polymer auf Halbleiter (z.B. Einhausung auf Siliziumchips).

In der Literatur wird insbesondere die unzureichende Haftfestigkeit einer Polymer-Metall-Verbindung unter Einwirkung von Körperflüssigkeiten beschrieben [87, 112]. So ist zum Beispiel die Haftfestigkeit einer Titan-Gold- oder Platin-Metallisierung auf Polyimid auch unter Anwendung verschiedener Methoden zur Verbesserung der Haftfestigkeit (siehe Abschnitt 4.2) langfristig nicht zufriedenstellend. Auch Silikon und Parylene C delaminieren von einer metallischen Oberfläche (zum Beispiel Gold). Die mechanische Wechselbelastung, die aufgrund der Patientenbewegung auf das Implantat einwirkt, verstärkt die negativen Auswirkungen eindringender Wassermoleküle auf die Haftfestigkeit.
Im Wesentlichen sind zwei Ursachen für Delamination eines Materialverbundes im Zusammenhang mit der Wasseraufnahme der Polymere zu beobachten [112]:

1. die Ausdehnung der Polymerschicht (Quellung) führt zu mechanischen Spannungen innerhalb des Materialverbundes und

2. die Bindungskräfte innerhalb des Materialverbundes werden durch die Dipolwirkung eindringender Wassermoleküle verringert beziehungsweise aufgehoben, auch ohne das die Wassermoleküle direkt zwischen die Materialien dringen.

Die unter erstens angesprochenen mechanischen Spannungen verstärken die bereits während der Herstellung induzierten thermischen Spannungen an der Verbindungsstelle. Das Überschreiten einer materialspezifischen Grenzspannung führt zu Rissen im Material und Delamination des Materialverbundes.
Neben der Wasseraufnahme kann der Sterilisationsprozess in Abhängigkeit von dem jeweiligen Sterilisationsverfahren die polymeren Einhausungsmaterialien unterschiedlich beanspruchen [29, 87]. Insbesondere das Überschreiten der Glasübergangstemperatur führt aufgrund der sich ändernden Materialeigenschaften zu ungünstigen Veränderungen innerhalb des Materialverbundes [2]. Aber auch die Veränderung der Polymermatrix durch das Einwirken von Temperatur, Feuchte, Gas oder auch Gammastrahlen vermag die Haftfestigkeit zu beeinflussen.
Die Bestimmung der Haftfestigkeit erfolgt immer in Abhängigkeit von den geometrischen Verhältnissen der Probe, der wirkenden Beanspruchung und den Einzelfestigkeiten des Systems. Unter den Einzelfestigkeiten versteht man die Festigkeit des zu untersuchenden Materials und die Festigkeit an der Grenzfläche zweier Materialien. Die Festigkeit des Gesamtsystems wiederum bestimmt sich immer aus der kleinsten Einzelfestigkeit, deren Lokalität sich anhand einer Bruchbildanalyse feststellen lässt.
Die Bindungskräfte, die die Einzelfestigkeiten bewirken, sind Kohäsionskräfte und Adhäsionskräfte. Diese werden durch chemische und zwischenmolekulare Wechselwirkungen verursacht [25].
Die Haftfestigkeit zwischen zwei Polymeren ist im Wesentlichen durch zwischenmolekulare Bindungskräfte wie den Wasserstoffbrücken- und Van-der-Waals-Bindungen geprägt. Van-der-Waals-Bindungen beruhen auf Dispersionskräften, Dipolkräften und Induktionskräften. Diese zwischenmolekularen Kräfte reichen weniger als 0,5 nm weit und besitzen eine geringere Bindungsenergie als die chemischen Bindungen [25]. Aus diesem Grund ist eine sehr gute Benetzbarkeit der zu beschichtenden Oberfläche erforderlich, die sich insbesondere durch eine Plasmabehandlung erreichen lässt.

4.2 Methoden zur Erhöhung der Haftfestigkeit

Es gibt verschiedene Methoden, um die Haftfestigkeit zwischen zwei Materialien zu erhöhen. Die Sauberkeit der Grenzfläche ist dabei eine grundlegende Voraussetzung für einen festen Materialverbund.
Besonders stabile Bindungskräfte zwischen Polymeren lassen durch eine chemische Anpassung der Verbundpartner zueinander erzielen [13, 112]. Allerdings ist dieses Vorgehen bei kommerziell erworbenen Polymeren, wie sie hier Verwendung fanden, nur bedingt möglich. In diesem Fall sind zwei Methoden üblich:

- die Plasmabehandlung der Oberfläche und
- der Auftrag eines Haftvermittlers.

Beide zielen darauf ab, die Oberfläche des einen Verbundpartners zu modifizieren, um die Ausbildung von Bindungskräften an der Grenzfläche zu verstärken.

Die Oberflächenvorbehandlung von Polymeren mittels Plasma wird häufig eingesetzt. Dabei reagieren die Bestandteile des Plasmas mit der Polymeroberfläche, worauf funktionelle Gruppen entstehen und die Oberfläche chemisch aktiviert wird. In Abhängigkeit vom Energieeintrag und der Zusammensetzung des Plasmagases lassen sich vier Effekte beobachten [24]:

- eine Reinigung,
- ein Ätzabtrag,
- eine Vernetzung und
- eine Oberflächenfunktionalisierung.

Insbesondere Sauerstoffplasma wird in Verbindung mit Polymeroberflächen erfolgreich zur Erhöhung der Haftfestigkeit eingesetzt [65, 107, 112, 151]. Dabei ist diese Methode sowohl für den Polymer-Polymer-Verbund als auch für die Haftfestigkeit von Metallisierungen auf Polymeroberflächen geeignet. Hierbei wirken sich sowohl eine Aufrauung und damit Vergrößerung der Oberfläche, sowie eine mechanische Verankerung der Verbundpartner als auch eine Oberflächenfunktionalisierung (Aktivierung) positiv aus. Allerdings kann eine zu hohe Rauigkeit einen gegenteiligen Effekt bewirken [25].
Die erhöhte Sauerstoffkonzentration an der Polymeroberfläche während des Prozesses führt zu reaktiven Bindungen wie zum Beispiel Carbonyl- oder Hydroxygruppen, die wiederum starke zwischenmolekulare Bindungen ermöglichen. Obwohl dieser positive Einfluss einer Oberflächenvorbehandlung mittels Sauerstoffplasma aufgrund theoretischer und experimenteller Betrachtungen bekannt ist, gibt es keine allgemeingültige Parameterempfehlung [65]. Das bedeutet, dass für jede Materialpaarung spezifisch abgestimmte Prozessparameter zu ermitteln sind.
Mit zunehmender Einwirkzeit des Sauerstoffplasmas können Abbauprozesse im Polymer verursacht werden. Bei PDMS ist dieser Effekt (Abbau der Methylgruppe an der Polymeroberfläche) bekannt, mit dem Resultat einer sich ausbildenden Siliziumoxid-Schicht (SiOx) [50].
Im Vergleich zu einem Haftvermittler bietet die Plasmabehandlung den Vorteil, dass kein weiterer Stoff in den Materialverbund eingebracht wird. Von Nachteil ist jedoch die geringe Beständigkeit der Oberflächenfunktionalisierung, da die reaktive Oberfläche auch mit seiner Umgebung wechselwirkt. Diese zeitliche Begrenzung ist im Rahmen eines Fertigungsprozesses zu berücksichtigen.

Haftvermittler sollten so auf den Materialverbund abgestimmt sein, dass sie mit beiden Materialien, zwischen denen sie aufgebracht werden, stabile chemische Bindungen ausbilden. Weit verbreitet sind Silanhaftvermittler, die eine verbesserte Haftfestigkeit vor allem zwischen anorganischen und organischen Materialien herbeiführen.
Vielfach dokumentiert ist der Einsatz eines Haftvermittlers für eine Beschichtung mit

Parylene C auf Polymeren oder Edelmetallen. Der Haftvermittler Silane A-174 (3-(Trimethoxysilyl)propyl methacrylate) führt zu einer deutlichen Verbesserung der Haftfestigkeit [62, 87]. In einer Gitterschnittprüfung einer Parylene C - Beschichtung auf PDMS wurden umfangreiche Delaminationen ohne Einsatz eines Haftvermittlers (0B nach ASTM D3359 oder 5 nach DIN EN ISO 2409) und eine vollständige Haftung mithilfe des Haftvermittler (5B nach ASTM D3359 oder 0 nach DIN EN ISO 2409) beobachtet [72, 89]. Allerdings wirkt der Haftvermittler Silane A-174 toxisch, was jedoch bei dessen geringen Materialeinsatz zu vernachlässigen ist [87].
Die Firma NuSil Silicone Technology bietet eine Vielzahl biokompatibler Haftvermittler für Silikone auf zahlreichen Substraten wie Metallen, Keramiken und anderen Polymeren an. Das sind zum Beispiel MED-163 oder MED1-161. Allerdings wird der Einsatz von Haftvermittlern für Silikonen in der Literatur wenig diskutiert.

4.3 Materialien und Methoden

4.3.1 Untersuchte Materialverbindungen

Um eine geeignete Materialkombination für den Aufbau eines flexiblen mikroelektronischen Implantates zu empfehlen, wurden verschiedene Materialverbindungen hinsichtlich ihrer Haftfestigkeit untersucht. Deren Zusammensetzung ist schematisch in Tabelle 4.1 aufgeführt und orientiert sich an den in Abschnitt 2.2 vorgestellten Materialien.

Tabelle 4.1: Prüfverfahren mit der Zuordnung der untersuchten Materialverbindungen

Prüfverfahren	Zugprüfung		Schälprüfung	Gitterschnittprüfung
Materialverbund	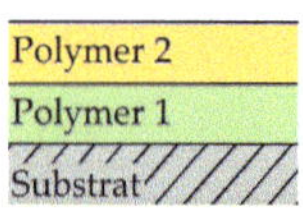	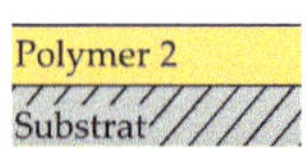	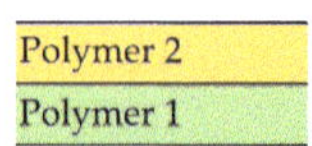	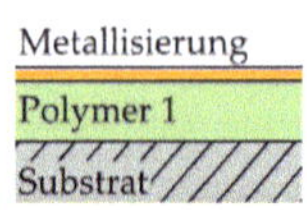
Substrat	Alkalisilikatglas	Silizium-Wafer, Zirkoniumdioxid, Titanlegierung	-	Silizium-Wafer
Polymer 1	Silikon, Polyimid, Parylene C, Epoxidharz	-	Polyimid	Polyimid
Polymer 2	Silikon, Epoxidharz		Polyimid, Epoxidharz	-
Metallisierung	-		Titan / Gold*	Titan / Gold
Normen	DIN EN ISO 4624:2016-08 [159]		DIN EN ISO 11339:2010-06 [156]	DIN EN ISO 2409:2013-06 [158]

* Ein Teil der Proben wurde mit einer Metallisierung zwischen Polymer 1 und Polymer 2 hergestellt.

Neben der Kombination unterschiedlicher Polymere (Polymer 1 und Polymer 2) und der Charakterisierung der Metall-Polymer-Verbindung sind folgende Prozesse im Zusammenhang mit den Haftfestigkeitsuntersuchungen bedeutsam:

- Einfluss einer Plasmabehandlung auf das Polymer 1 / Substrat,
- Auswirkung der Wasseraufnahme der Polymere (Auslagerung) und
- verschiedene Sterilisationsprozesse.

Um die relative Wirkung der Prozesse beurteilen zu können, wird ein Einflussfaktor EF eingeführt. Dieser setzt die Haftfestigkeit, gemessen nach dem Einwirken des jeweiligen Prozesses $\sigma_{Prozess}$, ins Verhältnis zur Haftfestigkeit der unbehandelten Referenzprobe $\sigma_{Referenz}$:

$$EF = \frac{\sigma_{Prozess}}{\sigma_{Referenz}}. \tag{4.1}$$

Die Parameter der Prozesse sind in der Tabelle A.4 auf Seite 133 zu finden.
Die unterschiedliche Verarbeitbarkeit der Polymere bedingt die Auswahl einer geeigneten Methode zur Bestimmung der Haftfestigkeit des jeweiligen Materialverbundes. So eigneten sich die Silikone und Epoxidharze (verarbeitet als Polymer 2) besonders gut für eine Zugprüfung, wenn sie auf einem anderen Polymer (Polymer 1) oder einem Substrat aufgetragen werden.
Für Materialien wie Polyimid und Parylene C, die sich nur als dünne Schichten herstellen lassen, ist eine Schälprüfung das bevorzugte Verfahren, wenn sie als Deckschicht (Polymer 2) dienen.
Die Gitterschnittprüfung ist ein qualitatives Bewertungsverfahren, mit dem die Haftfestigkeit einer Metallisierung auf einem Polymeren beurteilt wurde.
Die verschiedenen Normen der genannten Prüfmethoden beschreiben die Probenpräparation, die Versuchsdurchführung und deren Auswertung. Allerdings bewerten andere Forschungsgruppen ihre Ergebnisse selten mit Hilfe der selben Normen, sodass die Vergleichbarkeit nicht nur aufgrund der großen Vielfalt an untersuchten Materialverbindungen erschwert ist.

4.3.2 Zugprüfung

Die Zugprüfung (engl. Pull-Test) zur Bestimmung der Haftfestigkeit von Polymeren auf verschiedenen Substraten erfolgte in Anlehnung an die Norm DIN EN ISO 4624: 2016-08 *Beschichtungsstoffe - Abreißversuch zur Bestimmung der Haftfestigkeit*.
Die Voraussetzung für eine Zugprüfung ist ein Prüfstempel, der auf dem Polymer aufgebracht und definiert abgezogen wird. Bei der Verwendung eines Prüfstempels aus Aluminium oder Stahl mit einem Durchmesser von 7 mm empfiehlt sich die Durchführung von zehn Einzelmessungen. In der Regel erfordert das Aufbringen des Prüfstempels den Einsatz eines geeigneten Klebstoffes, der bessere Adhäsions- und Kohäsionseigenschaften als das zu untersuchende Material aufweist. Die Norm benennt in diesem Zusammenhang Klebstoffe auf der Grundlage von Cyanoacrylat, lösemittelfreiem Zweikomponenten-Epoxidharz und Peroxid-katalysiertem Polyester [159].

Die große Vielfalt an zu untersuchenden polymeren Einhausungsmaterialien stellte für die Klebstoffauswahl eine außerordentliche Herausforderung dar [46]. Oftmals löste sich der Klebstoff im Zugversuch vorzeitig von dem zu untersuchenden Polymer. Außerdem war eine Verkippung der aufgeklebten Prüfstempel nicht vollständig auszuschließen, was die Reproduzierbarkeit der Ergebnisse nachteilig beeinflusste.
Aus diesem Grund wurde eine Vorrichtung für die Probenpräparation entwickelt, sodass auf den Einsatz von Klebstoffen für die Fixation des Stempels verzichtet werden konnte [10]. Dazu wurden die Prüfstempel in einem definierten Abstand von 500 µm zur Unterlage (je nach Materialverbund: Polymer 1 oder Substrat) gebracht und mit dem zu untersuchenden Material (Polymer 2, Durchmesser von 9 mm, Höhe von 5 mm bis 7 mm) vergossen.
Die auf diese Weise präparierten Proben sind in Abbildung 4.1 schematisch und während der Zugprüfung dargestellt.

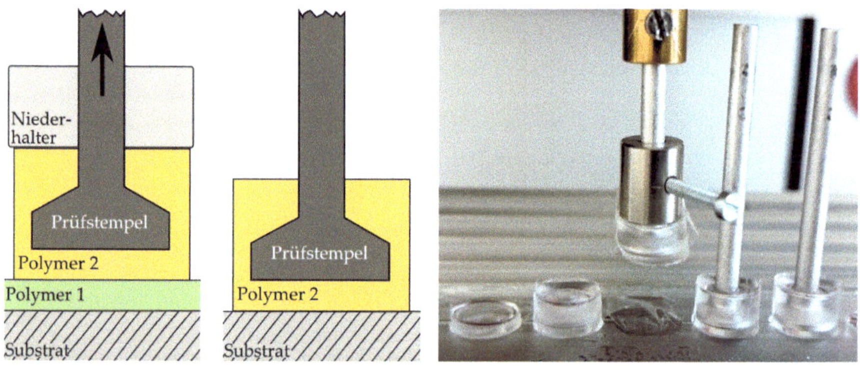

(a) Materialverbund Polymer 1 + Polymer 2 (b) Materialverbund Substrat + Polymer 2 (c) Proben während der Zugprüfung

Abbildung 4.1: (a) und (b) Präparierte Proben im Querschnitt und (c) Zugprüfung der Proben am Pulltester

Für die Probenpräparation eines Polymer/Polymer-Verbundes dienten Glassubstrate (76 mm x 26 mm) als Träger. Diese waren im ersten Schritt mit dem Polymer 1 zu beschichten. Anschließend erfolgte optional eine Oberflächenvorbehandlung mit Sauerstoffplasma, bevor das Polymer 2 zusammen mit dem Prüfstempel aufgebracht wurde. Nach deren Aufbau wurde ein Teil der Proben durch die Wasseraufnahme (24 Stunden bei 40 °C in destilliertem Wasser) und ein anderer Teil durch eine Dampf- oder EO-Sterilisation beansprucht (siehe Versuchsmatrix im Anhang auf Seite 137). Die Tabelle 4.2 fasst die Parameter für die Probenpräparation zusammen.
Die Haftfestigkeit der verschiedenen Proben ließ sich mittels des Pulltesters *CondorSigma* der Firma XYZTEC (Zugdose: 10 kg) bestimmen. Gegen das Herausheben des Stempels aus seiner Polymerummantelung diente ein Niederhalter während des Stempelabzugs (siehe Abbildung 4.1 (a) und (c)).

Tabelle 4.2: Parameter für die Probenpräparation und die Versuchsdurchführung

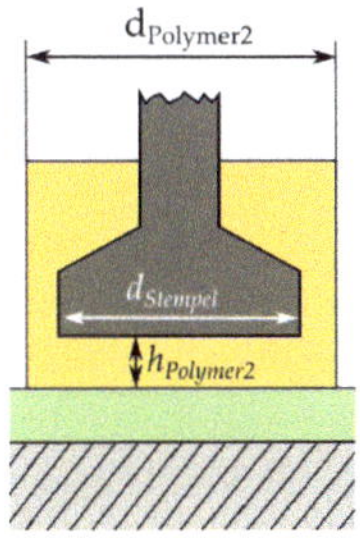

Bezeichnung	Parameter
Prüfstempel	$d_{Stempel} = 7\,\text{mm}$ Material: Aluminium
Polymer 1	Tauchbeschichtung oder Dispensen Schichtdicke: variabel je nach Polymer
Polymer 2	Vergießen (Verguss des Prüfstempels) $d_{Polymer2} = 9\,\text{mm}$ $h_{Polymer2} = 0{,}5\,\text{mm}$
Versuchsdurchführung	10 Einzelmessungen Zugmessdose: 10 kg optional Verwendung eines Niederhalters

Die Haftfestigkeit σ berechnet sich aus der Abreißkraft F geteilt durch die Abrissfläche A:

$$\sigma = \frac{F}{A}. \tag{4.2}$$

Neben der gemessenen Kraft dienen die Bruchbilder der Beurteilung der Haftfestigkeit. Die Abbildung 4.2 veranschaulicht die beobachteten Bruchbilder beispielhaft am Materialverbund *Silikon auf Epoxidharz*.

(a) Adhäsionsbruch zwischen den Polymeren 1 und 2

(b) Adhäsionsbruch zwischen Polymer 2 und Prüfstempel

(c) Herausgehobener Stempel mit Adhäsionsbruch zwischen Polymer 2 und Prüfstempel

Abbildung 4.2: Typische Bruchbilder bei der Zugprüfung aufgenommen am Beispiel des Materialverbundes *Sylgard-184 auf EPO-TEK-310M-1*

Die beobachteten Bruchbilder ließen sich in folgende drei Kategorien einteilen:

(a) Kohäsions-, Adhäsions- oder Mischbruch an der Grenzfläche zwischen Polymer 1/ Substrat und Polymer 2,

(b) Adhäsionsbruch zwischen Polymer 2 und Prüfstempel führt zum Kohäsionsbruch im Polymer 2 (Bruch des polymeren Hohlzylinders um den Prüfstempel) und

(c) Adhäsionsbruch zwischen Polymer 2 und Prüfstempel führt zum Herausheben des Stempels aus dem Polymer 2.

Für einen späteren Vergleich der unterschiedlich beanspruchten Proben wurden nur die Haftfestigkeitswerte eines Bruchbildes ausgewertet.
Die Buchbilder (a) und (c) bestimmen eine Abrissfläche von $A_{1(a)} = 1/4 \cdot \pi \cdot (9\,\mathrm{mm})^2$ beziehungsweise $A_{1(c)} = 1/4 \cdot \pi \cdot (7\,\mathrm{mm})^2$. Im Fall (b) des ringförmigen Bruchs auf Höhe des Prüfstempels ist von einer Abrissfläche $A_{2(b)} = A_{1(a)} - 1/4 \cdot \pi \cdot (7\,\mathrm{mm})^2$ auszugehen. Im Falle der Bruchbilder (b) und (c) ist die tatsächliche Haftfestigkeit des Materialverbundes größer als die während der Zugprüfung ermittelte Festigkeit, die der Reißfestigkeit des Polymers 2 beziehungsweise der Haftfestigkeit des Prüfstempels zum Polymer 2 entspricht [10].

4.3.3 Schälprüfung

Die Schälprüfung (engl. Peel-Test) wird bevorzugt bei flexiblen Verbundpartnern angewendet. Anhaltspunkte für die Versuchsdurchführung sind unter anderem in der Norm DIN EN ISO 11339: 2010-06 *Klebstoffe - T-Schälprüfung für geklebte Verbindungen aus flexiblen Fügeteilen* zu finden. Die Norm sieht die Prüfung einer Klebeverbindung vor. Hier wurde jedoch die Schälfestigkeit zweier Polymere geprüft, deren Verbindung ohne die Verwendung eines Klebstoffes erfolgte. Die Probe, wie in Abbildung 4.3 dargestellt, erfordert die Präparation eines losen Endes für die Einspannung in den Pulltester.

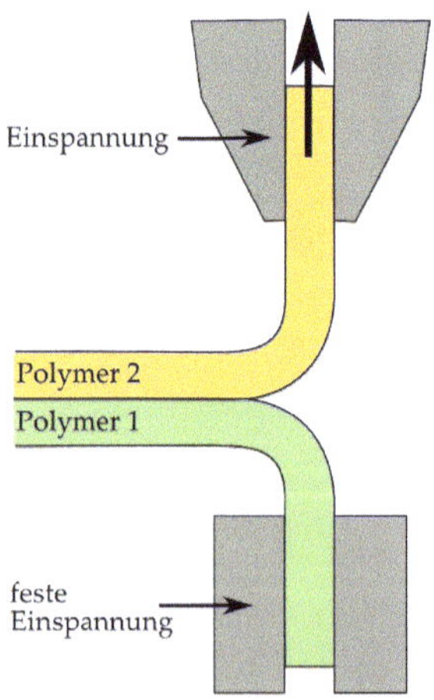

(a) Materialverbund Polymer 1 + Polymer 2

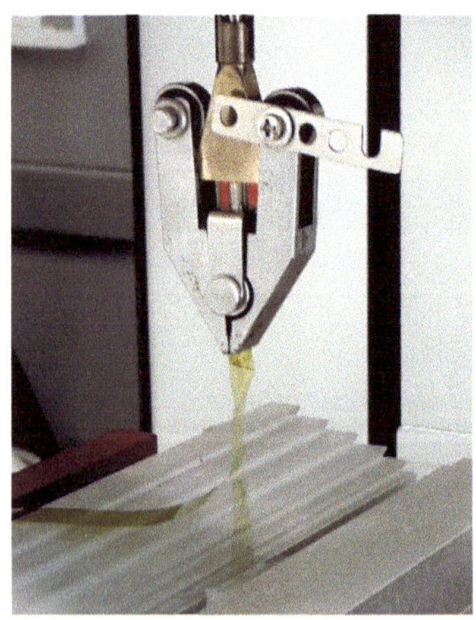

(b) Probe während der Schälprüfung

Abbildung 4.3: (a) Probenpräparation im Querschnitt und (b) Schälprüfung am Pulltester

Die Herstellung der Proben erfolgte auf einem Silizium-Wafer, der während des Prozesses als Träger diente und abschließend entfernt wurde. Nach der Rotationsbeschichtung des Wafers mit der ersten Polymerschicht (Polymer 1) ließ sich die zweite Polymerschicht auf die gleiche Weise aufbringen. Dabei war ein Bereich vorzusehen, in dem die Polymere nicht aufeinander hafteten (lose Enden). Dies erwies sich als schwierig und war nicht für alle polymere Einhausungsmaterialien gleichermaßen umsetzbar.
Wie in der Tabelle 4.1 auf Seite 68 aufgeführt, wurden zunächst zwei Materialverbindungen aus Polyimid und Epoxidharz hergestellt und optional eine Zwischen-Metallisierung aus Titan und Gold vorgesehen. Die fertigen Proben waren 7,5 mm breit und ca. 50 mm lang. Die nicht haftenden Enden der flexiblen Fügeteile wurden dann in den Pulltesters *CondorSigma* der Firma XYZTEC (Zugdose: 10 kg) eingespannt und mit einer Geschwindigkeit von 1,6 mm s^{-1} auseinander gezogen. Die mittlere Schälkraft $\overline{F}_A$ wurde erfasst und steht mit der Haftkraft $P_{180°}$ in folgenden Zusammenhang [87]:

$$P_{180°} = 2 \cdot \frac{\overline{F}_A}{b}, \tag{4.3}$$

wobei b die Probenbreite ist.
Wird anstelle der T-förmigen (180°) Schälprüfung die 90°-Schälprüfung angewendet, berechnet sich die Haftkraft wie folgt [87]:

$$P_{90°} = \frac{\overline{F}_A}{b}. \tag{4.4}$$

Die Bruchbilder, wie sie in Abbildung 4.4 schematisch dargestellt sind, ließen sich den folgenden drei Brucharten zuordnen:

(a) idealer Adhäsionsbruch an der Grenzfläche zwischen Polymer 1 und Polymer 2,

(b) Kohäsionsbruch in der Deckschicht (Polymer 2) und

(c) Kohäsionsbruch in der Deckschicht (Polymer 2) führt zum Abriss des losen Endes.

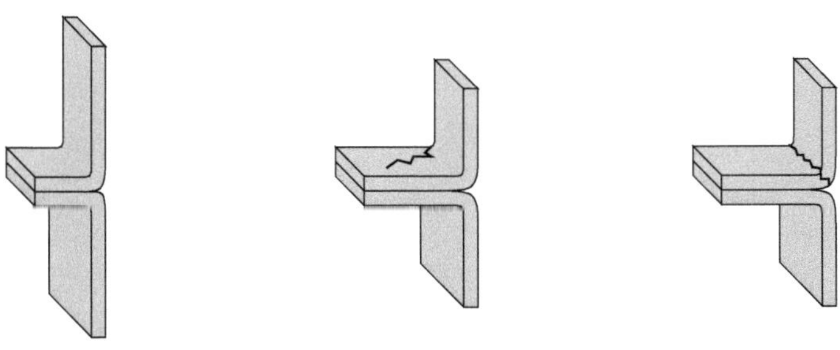

(a) Trennung der Schichten (b) Einriss der Deckschicht (c) Abriss der Deckschicht

Abbildung 4.4: Typische Bruchbilder bei der Schälprüfung [44]

Das Einreißen der zweiten Polymerschicht längs der Probe (Bruchbild (b)) führt zu einer Verminderung der gemessenen Kraft. Auch das Abreißen des losen Endes (Bruchbild (c)) erlaubt die Annahme, dass die Haftfestigkeit des Materialverbundes größer ist als die Reißfestigkeit des entsprechenden Polymers [44].

4.3.4 Gitterschnittprüfung

Die Gitterschnittprüfung (engl. Tape Test) diente in dieser Arbeit der qualitative Beurteilung der Haftfestigkeit einer Metallisierung auf einem Polymer.
Die Untersuchung erfolgte in Anlehnung an die Norm DIN EN ISO 2409 :2013-06 *Beschichtungsstoffe – Gitterschnittprüfung*. Die Norm sieht das gitterförmige Einschneiden der Beschichtungsschicht (hier die Metallisierung) vor, auf die dann ein Klebebandstreifen aufgebracht und anschließend gleichmäßig abgezogen wird.
Das Einschneiden im Abstand von jeweils 1 mm sollte möglichst das Substrat nicht beschädigen. Allerdings ist vielfach in der Literatur beschrieben, dass beim Einschneiden einer Gitterstruktur in eine dünne Metallschicht eine Beschädigung des darunter liegenden Materials nicht zu vermeiden ist [147].
Um den genannten Anforderungen zu entsprechen, erfolgte die Herstellung des Gitters fotolithografisch. Titan und Gold wurden mit einer Schichtdicke von insgesamt 210 nm auf einen mit Polyimid-beschichteten Wafer aufgedampft. Die präparierten Proben und die Versuchsdurchführung sind in Abbildung 4.5 schematisch dargestellt.

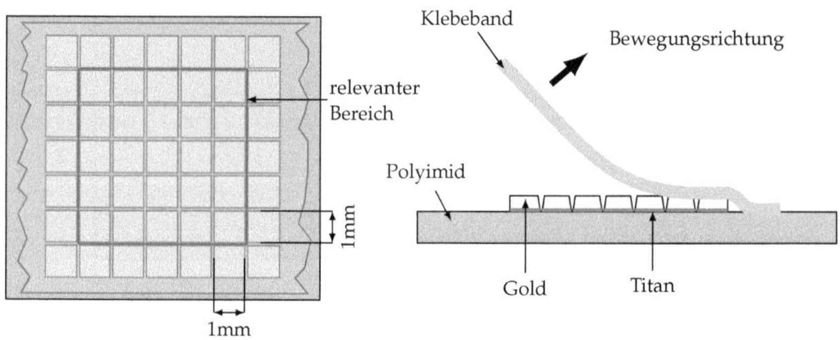

(a) Draufsicht (b) Seitenansicht

Abbildung 4.5: Probenpräparation und Durchführung der Gitterschnittprüfung [44]

Eingesetzt wurden die Klebebänder Scotch® No. 810 Magic mit einer Klebkraft von 6,75 N und Scotch® No. 508 Magic mit einer Klebkraft von 6,5 N bezogen auf eine Breite von 25 mm und definiert von der jeweiligen Gitterstruktur abgezogen.
Die erzeugten Bruchbilder lassen sich unter anderem anhand der Gitterschnittkennwerte von 0 (sehr gute Haftfestigkeit, kein Abplatzen der Quadrate) bis 5 (sehr schlechte Haftfestigkeit, mehr als 65 % der Quadrate sind abgeplatzt) der Norm DIN EN ISO 2409: 2013-06 *Beschichtungsstoffe – Gitterschnittprüfung* qualitativ einordnen.

4.4 Ergebnisse

4.4.1 Haftfestigkeit der verschiedenen Materialverbindungen

Mithilfe der Zugprüfung erfolgte die Bestimmung der Haftfestigkeit der verschiedenen Materialverbindungen (Polymer 2: MED-6215, Sylgard-184 oder EPO-TEK-310M-1) auf dem jeweiligen Polymer 1 beziehungsweise Substrat-Material (MED-6215 und Sylgard-184, PI-2611, Parylene C, EPO-TEK-310M-1 oder Silizium-Wafer). Die Ergebnisse sind grafisch in der Abbildung 4.6 aufgearbeitet und die dokumentierten Bruchbilder benannt. Die gesamten Ergebnisse sind im Anhang auf Seite 134 und folgende zu finden.

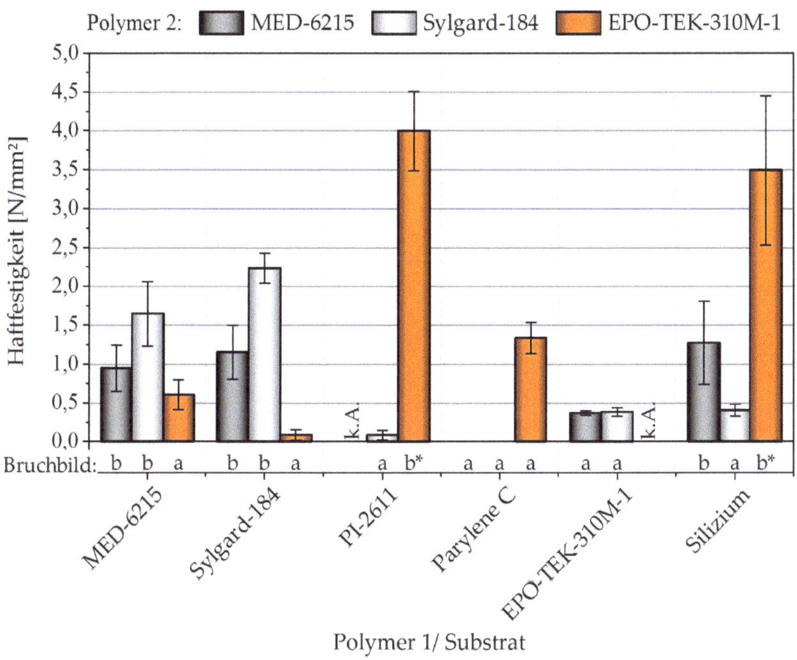

Abbildung 4.6: Haftfestigkeit verschiedener Materialverbindungen gemessen mittels Zugprüfung
* teilweise Bereichsüberschreitung der Zugmessdose, Zugkraft F >100 N

Bei dem Bruchbild (a) waren vorrangig Adhäsionsbrüche zwischen dem Polymer 2 und dem Polymer 1 beziehungsweise Substrat zu beobachten und die angegebene Haftfestigkeit entsprach der Haftfestigkeit des Materialverbundes. Kam es hingegen zu einem Adhäsionsbruch zwischen dem Polymer 2 und dem Prüfstempel mit der Folge eines ringförmigen Kohäsionsbruchs im Polymer 2 (Bruchbild (b), siehe Abbildung 4.2), ist davon auszugehen, dass die Haftfestigkeit des Materialverbundes höher ist als die angegebenen Festigkeit.

Auf den Silikon-Materialien wiesen die Silikone selbst die größte Haftfestigkeit von mehr als 0,9 $\mathrm{N\,mm^{-2}}$ bis 2,2 $\mathrm{N\,mm^{-2}}$ auf (Buchbild (b)), wobei Sylgard-184 insgesamt eine höhere Festigkeit als MED-6215 besitzt. Weiterhin haften die Silikone schlecht auf Polyimid und überhaupt nicht auf Parylene C, während auf Epoxidharz eine Haftfestigkeit von ca. 0,3 $\mathrm{N\,mm^{-2}}$ ermittelt wurde.
Im Vergleich zu den Silikonen haftet das Epoxidharz schlecht auf dem jeweiligen Silikonmaterial (gemessene Haftfestigkeit von 0,1 $\mathrm{N\,mm^{-2}}$ bis 0,6 $\mathrm{N\,mm^{-2}}$, Bruchbild (a)) und vergleichsweise gut auf Parylene C (1,3 $\mathrm{N\,mm^{-2}}$, Bruchbild (a)). Die beste Haftfestigkeit ließ sich für den Verbund von *Epoxidharz auf Polyimid* ermitteln (> 4 $\mathrm{N\,mm^{-2}}$, Bruchbild (b)), dabei wurde die maximal messbare Kraft von 100 N bei vier von zehn Proben überschritten. Ebenfalls gute Werte ergaben sich auch für den Materialverbund *Epoxidharz auf Silizium* (> 3,5 $\mathrm{N\,mm^{-2}}$, Bruchbild (b)).
Die Schälprüfung erfolgte für den Materialverbund *Polyimid auf Polyimid* und *Epoxidharz auf Polyimid*. Für *Polyimid auf Polyimid* war eine quasi nicht existente Haftfestigkeit mit einer Haftkraft von $P_{180°} = 2{,}13\,\mathrm{mN\,mm^{-1}}$ messbar (Bruchbild (a)) [44]. Im Vergleich dazu waren für das Trennen des Materialverbundes *Epoxidharz auf Polyimid* um das 100-fach größere Kräfte erforderlich ($P_{180°} > 218{,}9\,\mathrm{mN\,mm^{-1}}$, Bruchbild (c)) [44].
Die Haftkraft von *Parylene C auf Polyimid, auf Parylene C und auf Si_3N_4 beschichtete Wafer* ermittelten und dokumentierten Hassler et al. [87]. Die Haftfestigkeit zwischen zwei Parylene C Schichten wird als stark beschrieben ($P_{180°} \approx 100\,\mathrm{mN\,mm^{-1}}$, Bruchbild (b)). Im Vergleich zum Materialverbund *Polyimid auf Polyimid* war die Haftfestigkeit von *Parylene C auf Polyimid* mehr als doppelt so groß ($P_{180°} < 5\,\mathrm{mN\,mm^{-1}}$, Bruchbild (a)), wird aber auch als unzureichend eingestuft. Auch auf SI_3N_4 haftet Parylene C mit einer Haftkraft von $P_{90°} < 1\,\mathrm{mN\,mm^{-1}}$ nur schlecht.
Der Materialverbund *Parylene C auf Silikon (PDMS)* wurde anhand einer Gitterschnittprüfung ebenfalls als sehr schlecht haftend eingestuft [72, 89].
Eine qualitative Einordnung der Haftfestigkeit der verschiedenen Materialverbindungen wurde in der Tabelle 4.3 vorgenommen. Die Klassifizierung erfolgte anhand der eigenen Ergebnisse und der Ergebnisse anderer Arbeitsgruppen [72, 87, 89].

Tabelle 4.3: Qualitativer Vergleich der Haftfestigkeit verschiedener Materialverbindungen mit einer Wichtung der Ergebnisse von ++ (sehr gute Haftfestigkeit) bis -- (sehr schlechte Haftfestigkeit)

Polymer 1 / Substrat \ Polymer 2	Sylgard-184	PI-2611	Parylene C	EPO-TEK-310M-1
Sylgard-184	○	- -	- -	- -
PI-2611	- -	- -	- -	++
Parylene C	- -	k.A.	++	○
EPO-TEK-310M-1	+	k.A.	k.A.	k.A.
Silizium	○	- -	- -*	++

* Haftfestigkeit auf Si_3N_4 [87]

4.4.2 Einfluss der Plasmabehandlung auf die Haftfestigkeit

Mit dem Ziel die Haftfestigkeit der einzelnen Materialverbindungen zu verbessern, kam die Oberflächenbehandlung mittels Plasma zum Einsatz. In mehreren Versuchsreihen wurden die verschiedenen Parameter wie die Plasmaleistung (100 W bis 600 W), die Prozesszeit (1 min bis 5 min) und auch das Prozessgas (Sauerstoff oder Argon) variiert und die behandelten Polymeroberflächen (Silikon oder Parylene C) hinsichtlich ihrer Benetzbarkeit mit Wasser untersucht. So ergab sich für Parylene C die beste Benetzbarkeit durch ein Sauerstoffplasma bei einer Plasmaleistung von 300 W innerhalb von 60 Sekunden [53]. Bei der Silikonoberfläche hingegen erwies sich eine Plasmaleistung von 100 W innerhalb von 60 Sekunden als ein günstiger Parameter. Überstieg der Prozess eine Dauer von 60 s, waren unter dem Auflichtmikroskop Risse auf der Silikonoberfläche zu beobachten. Die Rissbildung deutet daraufhin, dass aufgrund einer zu langen Prozessdauer Abbauprozesse an der Silikonoberfläche eine spröde Siliziumoxid-Schicht verursachen [53].

Die Untersuchung verdeutlichte auch die Unbeständigkeit der verbesserten Benetzbarkeit durch die Plasmabehandlung. Bereits sechs Stunden nach dem Prozess reduzierte sich die Benetzbarkeit mit Wasser um 10 %, nach 60 Stunden bei normaler Atmosphäre stellte sich insbesondere bei den Silikonen der Ausgangszustand der Oberfläche wieder ein [53].

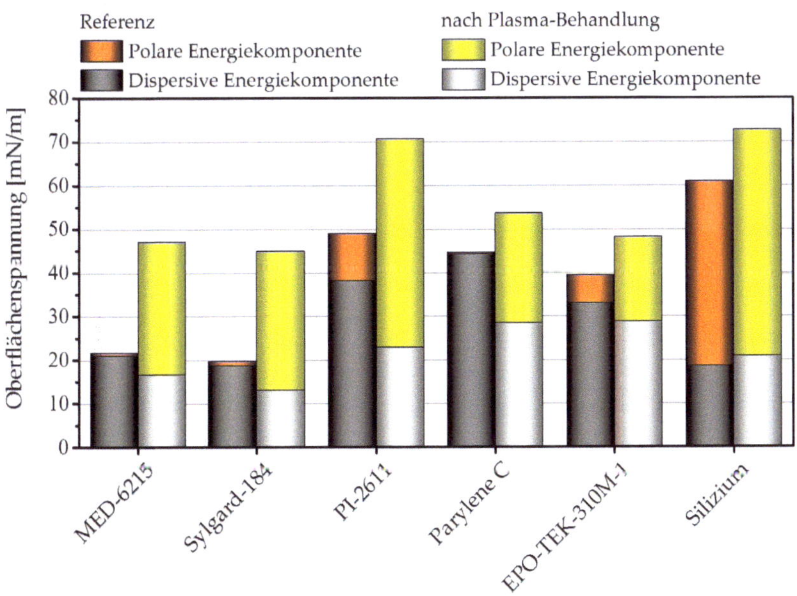

Abbildung 4.7: Oberflächenenergie der Polymer- und Siliziumoberflächen vor und nach der Sauerstoffplasmabehandlung (P = 200 W, t = 1 min)

Beispielhaft sei der Einfluss einer Sauerstoffplasmabehandlung auf die Oberflächenenergie der verschiedenen Polymeroberflächen und Silizium verdeutlicht. Dazu ist in Abbildung 4.7 die Veränderung der Oberflächenenergie sowie der polaren und dispersiven Energieanteile vor und nach einer Plasmabehandlung mit einer Leistung von 200 W bei einer Prozessdauer von 1 min dargestellt.
Es wird sehr deutlich, dass die Behandlung mit Sauerstoffplasma die polaren Energiekomponenten an der Oberfläche und damit deren Reaktivität verstärkt. Besonders bei den Silikonen (MED-6215 und Sylgard-184) ist dieser Effekt ausgeprägt. Dort verdoppelt sich die Oberflächenspannung und der polare Energieanteil nimmt um das 30 bis 43-fache zu. Dementsprechend wurde die Haftfestigkeit der verschiedenen Materialverbindungen nach der Plasmabehandlung untersucht. Die Ergebnisse sind im Anhang auf Seite 134 und folgende dargestellt. In den Tabellen 4.4 und 4.5 ist lediglich der Einflussfaktor $EF_{Plasma} = \sigma_{Plasma}/\sigma_{Referenz}$ (Gleichung 4.1) aufgeführt, der das Verhältnis der Haftfestigkeit nach der Plasmabehandlung zur Haftfestigkeit der Referenzprobe angibt.

Tabelle 4.4: Einflussfaktor EF_{Plasma} von Sauerstoffplasma auf die Haftfestigkeit, $P = 200\,W$, $t = 1\,min$

Polymer 1 / Substrat \ Polymer 2	MED-6215	Sylgard-184	EPO-TEK-310M-1
Sylgard-184	k.A.	0,21	45,25
PI-2611	k.A.	4,75	0,26
Parylene C	>1	>1	2,60
EPO-TEK-310M-1	k.A.	0,90	k.A.
Silizium	k.A.	0,61	1,28

Trotz der erhöhten Oberflächenenergie, die für alle untersuchten Materialien (Polymer1 / Substrat) erfasst wurde, führte die einminütige Plasmabehandlung mit einer Leistung von 200 W nicht für alle Materialverbindungen gleichermaßen zu einer erhöhten Haftfestigkeit.
Nur die Plasmabehandlung von Parylene C führte für alle drei Materialien, die darauf aufgebracht wurden, zu einer Verbesserung der Haftfestigkeit.
Bei allen anderen Materialien war entweder für das Silikon oder für das Epoxidharz eine erhöhte Haftfestigkeit messbar. Das ist beispielsweise beim Materialverbund *EPO-TEK-310M-1 auf Sylgard-184* zu erkennen, der nach der Plasmabehandlung eine gesteigerte Haftfestigkeit um das 45-fache und damit die stärkste Zunahme aller untersuchten Proben aufwies.
Ebenfalls günstig wirkte das Sauerstoffplasma auf die Materialverbindungen *Sylgard-184 auf PI-2611* (4,8-fach höhere Haftfestigkeit) und *EPO-TEK-310M-1 auf Silizium* (1,3-fach höhere Haftfestigkeit).
In allen anderen Fällen ließ sich eine Verringerung der Haftfestigkeit auf 20 % bis 90 % feststellen. Daraufhin wurden sowohl die Plasmaleistung als auch die Prozessdauer erhöht. Die Resultate sind in der Tabelle 4.5 aufgeführt.

Tabelle 4.5: Einflussfaktor EF_{Plasma} von Sauerstoffplasma auf die Haftfestigkeit, $P = 400\,W$, $t = 5\,min$

Polymer 1 / Substrat \ Polymer 2	MED-6215	Sylgard-184	EPO-TEK-310M-1
Sylgard-184	0,31	0,20	46,25
PI-2611	k.A.	5,96	1,06
Parylene C	>1	>1	2,80
EPO-TEK-310M-1	1,20	1,09	k.A.
Silizium	0,87	0,93	1,21

Im Vergleich zur ersten Plasmabehandlung führten die erhöhten Prozessparameter zu einer verbesserten Haftfestigkeit der Polymere auf Polyimid und Epoxidharz. Für den Materialverbund *EPO-TEK-310M-1 auf PI-2611* konnte eine Erhöhung der Haftfestigkeit um das 1,1-fache erzielt werden (zuvor Verringerung um das 0,26-fache). Dieser Unterschied lässt sich jedoch nicht mit einem Aufrauen der Polyimidoberfläche erklären, denn selbst nach einer 30-minütigen Prozessdauer waren unveränderte Mittenrauwerte von 0,056 µm messbar [44]. Erst die Anwendung von Tetrafluormethan CF_4 als Prozessgas während der Plasmabehandlung führt zu einem Aufrauen der Polyimidoberfläche (Mittenrauwert 0,084 µm) [44]. Offensichtlich resultiert die Aktivierung der Oberfläche in den gewünschten Effekt.

In umfangreichen Untersuchungen von Bhattacharya et al. wurden die Prozessparameter (Plasmaleistung, Prozessdauer und Druck in der Prozesskammer) bei der Plasmabehandlung variiert und deren Auswirkungen auf die Benetzbarkeit von PDMS (z.B. Sylgard-184) und die Haftfestigkeit von *PDMS auf PDMS* untersucht. Eine relativ geringe Leistung von 20 W und eine kurze Prozessdauer von 20 s bis 30 s führten zu einer maximalen Haftfestigkeit des Materialverbundes. Je höher der Druck in der Prozesskammer war, desto höher war auch die erzielte Haftfestigkeit [65].

Das Entstehen einer spröden, rissigen Oberfläche bei zu hohen Parametern während der Plasmabehandlung, wie sie in eigenen Untersuchungen auch beobachtet wurde, begründet die verringerte Haftfestigkeit. Diese Ergebnisse belegen, dass die für die eigenen Untersuchungen verwendeten Prozessparameter nicht engmaschig genug auf die Silikonoberflächen abgestimmt waren.

Hassler et al. beschreiben die negative Auswirkung einer Plasmabehandlung auf den Materialverbund *Parylene C auf Parylene C* mit einer Verringerung der Haftkraft auf 10 %. Sauerstoffplasma angewandt auf Polyimid führte hingegen zu keiner Veränderung der Haftfestigkeit des Materialverbundes *Parylene C auf Polyimid* [87].

Erfolgt die Plasmabehandlung hingegen auf einem Substratmaterial wie Platin oder Glas bevor darauf Parylene C abgeschieden wird, verbesserte dies die Haftfestigkeit deutlich [151].

Für den Materialverbund *Polyimid auf Polyimid* führte die Sauerstoffplasmabehandlung zu einer 63-fach höheren Haftkraft [44].

Die eigenen Ergebnisse und die Erkenntnisse anderer Arbeitsgruppen belegen, dass die Prozessparameter einer Sauerstoffplasmabehandlung fein auf den jeweiligen Materialverbund abzustimmen sind. Zusammenfassend sind die Prozessparameter in der Tabelle 4.6 für einzelne Materialverbindungen empfehlenswert.

Tabelle 4.6: Empfehlenswerte Prozessparameter für eine Sauerstoffplasmabehandlung der verschiedenen Materialverbindungen

Materialverbindung		Prozessparameter		
Polymer 1/ Substrat	**Polymer 2**	**Leistung** P (in W)	**Prozessdauer** t (in s)	**Druck** p (in Pa)
Sylgard-184	Sylgard-184 [65]	20	20 - 30	93
	EPO-TEK-310M-1	200 - 400	60 - 300	15
PI-2611	Sylgard-184	200 - 400	60 - 300	15
	PI-2611 [44]	600	30 min	15
	Parylene C [87]	48	10	23
	EPO-TEK-310M-1	400	300	15
Parylene C	MED-6215 / Sylgard-184	200 - 400	60 - 300	15
	EPO-TEK-310M-1	400	300	15
EPO-TEK-310M-1	MED-6215 / Sylgard-184	400	300	15
Silizium	EPO-TEK-310M-1	200 - 400	60 - 300	15

Die Durchführung einer Plasmabehandlung ist nicht pauschal für alle Materialverbindungen zu empfehlen. Außerdem zeigen die Ergebnisse, dass die Erhöhung der Oberflächenenergie des einen Verbundpartners nicht zwingend zu einer verbesserten Haftfestigkeit führt. Je nach Material bewirkt der Energieeintrag durch die Plasmabehandlung freie Bindungskräfte an der Polymeroberfläche. Davon abhängig, welches zweite Polymer auf diese vorbehandelte Oberfläche aufgebracht wird, können sich unterschiedliche zwischenmolekulare Bindungen ausbilden.

4.4.3 Einfluss der Wasseraufnahme auf die Haftfestigkeit

Um den Einfluss der Wasseraufnahme auf die Haftfestigkeit der verschiedenen Materialverbindungen zu untersuchen, erfolgte die Auslagerung eines Teils der Proben für 24 Stunden in destilliertem Wasser bei 40 °C. Die ermittelten Haftfestigkeiten sind im Anhang auf Seite 134 und folgende zu finden.
Die Tabelle 4.7 beinhaltet die Einflussfaktoren der Wasseraufnahme auf die Haftfestigkeit $EF_{Auslagerung} = \sigma_{Auslagerung}/\sigma_{Referenz}$. Die Berechnung dieser Werte erfolgte ebenfalls entsprechend der Gleichung 4.1.

Tabelle 4.7: Einflussfaktor $EF_{Auslagerung}$ der Wasseraufnahme auf die Haftfestigkeit (Auslagerung in destilliertes Wasser bei 40 °C für 24 Stunden)

Polymer 1 / Substrat \ Polymer 2	MED-6215	Sylgard-184	EPO-TEK-310M-1
MED-6215	0,99	0,36	0
Sylgard-184	0,96	0,54	0
PI-2611	k.A.	0	0,46
Parylene C	0	0	1,02
EPO-TEK-310M-1	0,67	1,11	k.A.
Silizium	0,83	0,91	0,36

Wie zu erwarten, übt die Wasseraufnahme der Polymere einen negativen Einfluss auf die Haftfestigkeit der meisten Materialverbindungen aus. Es waren eine Verringerung der Haftfestigkeit (auf das 0,36 bis 0,99-fache), aber auch das vollständige Ablösen der zweiten Polymerschicht von der ersten zu beobachten ($EF = 0$).

Ausnahmen bildeten die Materialverbindungen *Sylgard-184 auf EPO-TEK-310M-1* und *EPO-TEK-310M-1 auf Parylene C*, für beide ergab sich eine leichte Erhöhung der Haftfestigkeit.

Delaminationen nach der Auslagerung waren für die Materialverbindungen *Silikon auf Polyimid* und *Epoxidharz auf Silikon* zu beobachten. Eine unzureichende Haftfestigkeit des Materialverbundes *Silikon auf Parylene C* wurde bereits ohne die Auslagerung der Proben dokumentiert.

Am Beispiel des Epoxidharzes EPO-TEK-310M-1 ist erkennbar, dass sich anhand der Menge des aufgenommenen Wassers keine Voraussagen für die Haftfestigkeit ableiten lassen. Die Wasseraufnahme des Epoxidharzes war nach 24 Stunden mit 3,63 % im Vergleich zu allen anderen untersuchten Materialien am höchsten, weshalb hier die stärksten negativen Veränderungen im Haftfestigkeitsverhalten zu erwarten wären.

In Verbindung von EPO-TEK-310M-1 mit Silikonen zeigten sich aber in der Haftfestigkeitsmessung zwei gegensätzliche Auswirkungen: Wurde das Epoxidharz als Polymer 2 auf die Silikone (MED-6215 und Sylgard-184) aufgebracht, delaminierte es nach der Auslagerung vollständig von deren Oberfläche. Für den umgekehrten Materialverbund *Sylgard-184 auf EPO-TEK-310M-1* war die besagte Erhöhung der Haftfestigkeit zu beobachten.

Mithilfe einer Sauerstoffplasmabehandlung ($P = 200$ W, $t = 1$ min) ließen sich die ungünstigen Auswirkung der Wasseraufnahme auf die Haftfestigkeit einiger Materialverbindungen reduzieren.

So war im Vergleich zur Referenzmessung sogar eine Erhöhung der Haftfestigkeit für *Silikon auf Parylene C* von 0 N mm^{-2} auf 0,15 N mm^{-2} zu ermitteln. Ebenfalls günstige Auswirkungen der Sauerstoffplasmabehandlungen konnten beim Epoxidharz, das auf Silikon oder Parylene C aufgebracht wurde, nachgewiesen werden. In Verbindung mit

Silikon wurde die Haftfestigkeit um $EF = 6,36$ (für MED-6215) beziehungsweise um $EF = 15,92$ (für Sylgard-184) erhöht. Wurde Parylene C mittels Sauerstoffplasma aktiviert, haftete das darauf aufgebrachte Epoxidharz um das 2,31-fache besser. Auch für eine Plasmabehandlung von Silizium war eine leicht erhöhte Haftfestigkeit von MED-6215 festzustellen ($EF = 1,01$).
In Verbindung mit Wasser reduziert sich die Haftfestigkeit der untersuchten Materialverbindungen, wie es auch an verschiedenen Beispielen in der Literatur beschrieben wird [62, 112, 151]. Zwei Ausnahmefälle waren für den Materialverbund mit Epoxidharz (*Sylgard-184 auf EPO-TEK-310M-1* und *EPO-TEK-310M-1 auf Parylene C*) auszumachen. Die Durchführung einer Sauerstoffplasmabehandlung ($P = 200$ W, $t = 1$ min) führte für bestimmte Materialverbindungen zu einer Verbesserung der Haftfestigkeit.
Weiterführende Untersuchungen (Verwendung von Modellflüssigkeiten und längerer Versuchszeitraum) sowie die abgestimmte Anwendung einer Plasmabehandlung oder eines Haftvermittlers sind für die relevanten Materialverbindungen erforderlich, um eine ausreichende Haftfestigkeit des Gesamtaufbaus sicherzustellen.

4.4.4 Einfluss von Sterilisationsverfahren auf die Haftfestigkeit

Nach dem Aufbau der Proben für die Zugprüfung erfolgte die Sterilisation des jeweiligen Materialverbundes. Folgende Sterilisationsverfahren wurden dabei berücksichtigt:

- Dampfsterilisation (Autoklavieren, $p = 300$ kPa, $\vartheta = 134$ °C, $t = 7$ min),
- EO-Sterilisation (100 % EO, $\vartheta = 45$ °C, $t = 150$ min),
- Elektronenstrahlsterilisation (Dosis: 20,1 kGy) und
- Gammastrahlensterilisation (Dosis: 25,8 kGy).

Die Abbildung 4.8 erlaubt den direkten Vergleich der genannten Sterilisationsverfahren anhand des Silikons MED-6219 auf typischen starren Implantatmaterialien (Zirkoniumoxidkeramik und Titanlegierung).
Die EO-Sterilisation verringert die Haftfestigkeit auf 70 % (für *MED-6219 auf Zirkonoxidkeramik*) beziehungsweise 97 % (für *MED-6219 auf Titanlegierung*) und hat damit den geringsten Einfluss im Vergleich zu allen anderen Sterilisationsverfahren. Die Sterilisation mittels Elektronenstrahl hingegen führt zu einer stärkeren Verringerung der Haftfestigkeit (0,24 bzw. 0,44). Die Dampfsterilisation als Standardverfahren beeinträchtigt ebenfalls aufgrund der hohen Prozesstemperatur und hohen Luftfeuchtigkeit die Haftfestigkeit erheblich (0,44 bzw. 0,57).
Für die Sterilisation von flexiblen mikroelektronischen Implantaten sind sowohl die Elektronenstrahl-Sterilisation als auch die Gammastrahlen-Sterilisation weniger empfehlenswert. Aus diesem Grund wurde der Einfluss der klinischen Standardverfahren Dampfsterilisation und EO-Sterilisation auf die Haftfestigkeit der verschiedenen Materialverbindungen untersucht, die während der Probenpräparation mit Sauerstoffplasma ($P = 200$ W, $t = 1$ min) behandelt wurden.

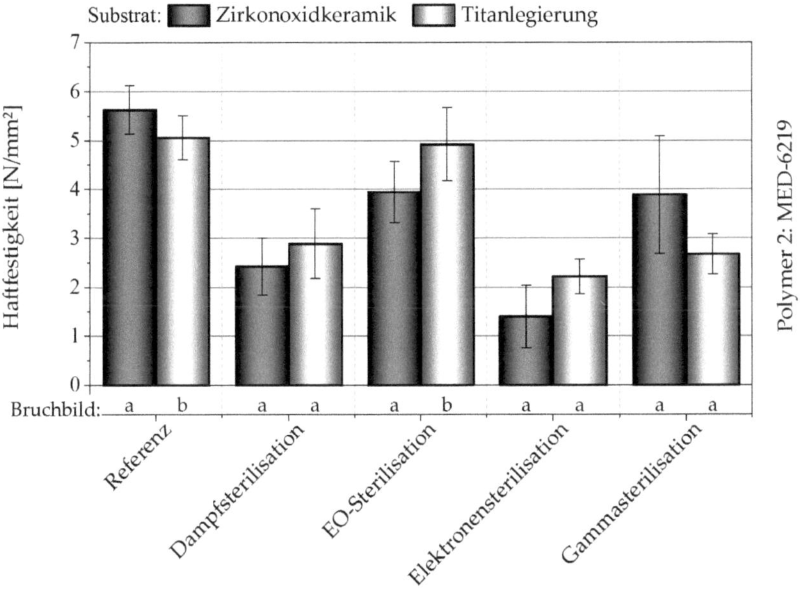

Abbildung 4.8: Haftfestigkeit von MED-6219 auf Implantatmaterialien Keramik und Titanlegierung in Abhängigkeit verschiedener Sterilisationsverfahren [46]

Die Ergebnisse sind im Anhang auf Seite 134 und folgende zufinden. Die Tabelle 4.8 beinhaltet die entsprechenden Einflussfaktoren.
Da für diese Untersuchung mit Sauerstoffplasma behandelte Proben verwendet wurden, ist der Einflussfaktor auf die Haftfestigkeit der plasmabehandelten Proben zu referenzieren: $EF_{Sterilisation+Plasma} = \sigma_{Sterilisation+Plasma}/\sigma_{Plasma}$.

Tabelle 4.8: Einflussfaktor $EF_{Sterilisation+Plasma}$ von Dampf- und EO-Sterilisation auf die Haftfestigkeit plasmabehandelter Proben

Sterilisationsart / **Polymer 2** / **Polymer 1 / Substrat**	**Dampfsterilisation**		**EO-Sterilisation**	
	Sylgard-184	**EPO-TEK-310M-1**	**Sylgard-184**	**EPO-TEK-310M-1**
Sylgard-184	0,80	1,25	0,56	0,98
PI-2611	0,63	4,63	0,08	3,55
Parylene C	1,61	1,04	0	0,27
EPO-TEK-310M-1	0,96	1,71	k.A.	k.A.
Silizium	1,92	0,75	1,37	0,55

Vergleicht man die Einflussfaktoren der Dampfsterilisation mit denen der EO-Sterilisation, so ist nach der Dampfsterilisation für eine geringere Anzahl an Materialverbindungen eine Haftfestigkeitminderung ($EF < 1$) festzustellen. Demnach ist die Dampfsterilisation für die hier untersuchten Materialverbindungen das günstigere Sterilisationsverfahren.

Insbesondere für die Proben, bei denen Epoxidharz auf das Polymer 1 / Substrat aufgebracht wurde, war eine Verbesserung der Haftfestigkeit nach der Dampfsterilisation zu beobachten. Ungünstig hingegen wirkt die EO-Sterilisation auf die Haftfestigkeit der Materialverbindungen. Ausnahmen sind für *EPO-TEK-310M-1 auf PI-2611* und *Sylgard-184 auf Silizium* zu beobachten.

Die verschiedenen Untersuchungen zeigen, dass das Sterilisationsverfahren auf den jeweiligen Materialverbund abzustimmen ist. Günstigstenfalls bewirkt der Energieeintrag während der Sterilisation eine verbesserte Haftfestigkeit, wobei eine erhöhte Festigkeit auf der Nachvernetzung der Makromoleküle innerhalb der Polymermatrix basiert.

4.4.5 Einfluss von Metallisierungen auf die Haftfestigkeit

Da in späteren Versuchen Proben (vergleiche Kapitel 5) mit einer biokompatiblen Titan-Gold-Metallisierung aufgebaut wurden, waren Haftfestigkeitsuntersuchungen für diese Metallisierung von großem Interesse. In einem ersten Schritt erfolgte die Gitterschnittprüfung an der lithografisch strukturierten Titan-Gold-Beschichtung auf dem Polyimid-Substrat. Insgesamt konnten 20 Gitter mit den zur Verfügung stehenden Klebebändern untersucht werden. Dabei ließen sich keinerlei Beschädigungen an der Metallisierung feststellen, was nach der Norm DIN EN ISO 2409 einem Gitterschnittwert von 0 (sehr gute Haftfestigkeit) entspricht [44].

Anders verhielt es sich bei der Haftfestigkeit von Polyimid auf einer Titan-Gold-Beschichtung. Diese Proben wurden für einen Schälversuch präpariert, lieferten aber aufgrund der schlechten Haftung keine Messergebnisse. Das Polyimid löste sich bereits ohne Krafteinwirkung von der Metallisierung [44].

Zusätzlich erfolgte die Schälprüfung von Epoxidharz (EPO-TEK-310M-1), das auf der Titan-Gold-Metallisierung aufgebracht wurde. Die Haftkraft verringerte sich aufgrund der Metallisierung im Vergleich zum Materialverbund *Epoxidharz auf Polyimid* auf 1 % $P_{180°} = 2{,}7\,\mathrm{mN\,mm^{-1}}$ [44].

Titan als Haftvermittler sollte also auch auf den Gold-Leiterzügen aufgebracht werden, um eine adäquate Haftfestigkeit des Materialverbundes Polymer-Metall-Polymer zu ermöglichen. Die Titan-Zwischenschicht wirkt als Haftvermittler zwischen dem Polyimid und der Gold-Beschichtung. Wie auch andere Übergangsmetalle (Chrom, Nickel, Wolfram) vermag Titan zum einen Carbid-Bindungen an der Schnittstelle zum Polymer auszubilden und zum anderen eine intermetallische Phase zur eigentlichen Metallisierung (Gold oder Platin), was insgesamt die Haftfestigkeit des Materialverbundes bewirkt [112]. Gold oder Platin selbst können keine stabilen Carbidbindungen mit einem Polymer eingehen [84]. Trotz des Haftvermittlers ist der beschriebene Materialverbund nicht langzeitstabil. Außerdem ist der bimetallische Aufbau in einer elektrolytischen Umgebung nachteilig, da elektrochemische Prozesse zur Korrosion des unedleren Metalls führen.

Der vorzeitige Ausfall des Implantates sowie die Entstehung toxischer Reaktionsprodukte sind die ungünstigen Folgen [112]. Um die korrosionsanfälligen galvanischen Elemente zu vermeiden, finden anorganische Zwischenschichten wie Siliziumcarbid um die Gold- oder Platin-Leiterzüge Verwendung [73, 74, 112].

4.5 Zusammenfassung und Diskussion

Zur Bestimmung der Haftfestigkeit der verschiedenen Materialverbindungen sind die vorgestellten Methoden (Zug-, Schäl- und Gitterschnittprüfung) verschieden gut geeignet und die erzielten Ergebnisse nur qualitativ miteinander vergleichbar.
Für eine Vielzahl der Materialien kann die Zugprüfung zum Einsatz kommen, die eine exakte Aussage zur Haftfestigkeit des Materialverbundes ermöglicht. Durch das Vergießen des Prüfstempels mit dem zu untersuchenden Polymer kann auf den Klebstoff zur Stempelbefestigung verzichtet werden. Allerdings ist die Auswahl an Materialverbindungen auf gießfähige Materialien, die als Deckschicht (Polymer 2) infrage kommen, beschränkt. Für alle anderen Materialverbindungen (insbesondere für Polyimid und Parylene C) kann die Schälprüfung angewendet werden. Die Gitterschnittprüfung hingegen liefert qualitative Ergebnisse, ist aber aufgrund der einfachen Versuchsdurchführung ein bewährtes Verfahren.
Vergleicht man alle untersuchten Materialverbindungen miteinander, so sind hohe Werte für die Haftfestigkeit in Zusammenhang mit dem Epoxidharz zu erzielen. Die Haftfestigkeit von Silikon auf Silikon, auf Epoxidharz oder auf Silizium ist als mäßig und als unzureichend auf Polyimid oder auf Parylene C einzustufen. Schlechte Haftfestigkeiten waren für Materialverbindungen in Kombination mit Polyimid und/ oder Parylene C messbar.
Die Fachliteratur liefert für gängige Materialien wie Silikon (PDMS), Polyimid und Parylene C gewisse Vergleichswerte [72, 87, 89, 151]. Allerdings beeinflussen sowohl die Probenpräparation als auch die Versuchsdurchführung die Ergebnisse und schmälern damit die direkte Vergleichbarkeit.
Für eine Vielzahl der Materialverbindungen wirkte sich der Einsatz einer Oberflächenbehandlung mittels Sauerstoffplasma positiv auf die Haftfestigkeit aus. Die Prozessparameter sind exakt auf den jeweiligen Materialverbund abzustimmen, anderenfalls ist sogar eine verringerte Haftfestigkeit zu beobachten. Aus diesem Grund ist die Durchführung einer Plasmabehandlung nicht pauschal zu empfehlen. Alternativ wird der Einsatz von Silan-Haftvermittler insbesondere für Parylene C oder Silikone angeraten.
Eine Metallisierung bildet innerhalb eines Materialverbundes eine besondere Schwachstelle. Hier ist der Einsatz von anorganischen Haftvermittlern oder einer Plasmavorbehandlung unausweichlich. Und obwohl ausreichende Haftwerte für den Materialverbund erreicht werden können, ist die Haftfestigkeit auch langfristig im Kontakt mit Elektrolyten sicher zustellen.
Das Einwirken von Wassermolekülen in den Materialverbund (Wasseraufnahme) führt in der Regel zu einer verringerten Haftfestigkeit. Außerdem üben die verschiedenen Sterilisationverfahren einen unterschiedlichen Einfluss auf die Haftfestigkeit eines ein-

zelnen Materialverbundes aus. Dieser Einfluss ist sowohl bei der Materialauswahl, als auch bei der Entscheidung über das Sterilisationsverfahren zu berücksichtigen.
Insgesamt belegen die hier vorgestellten Ergebnisse, dass bei der Produktentwicklung die Materialien sorgfältig aufeinander abzustimmen ist.
Weiterführende Untersuchungen sollten auch die mechanische Belastung, die auf das zukünftige Implantat einwirkt, berücksichtigen. Erste Untersuchungen, zur Charakterisierung der Haftfestigkeit von leitfähigen Materialien auf Polyimid unter dem Einfluss einer Biegebelastung, wurden innerhalb der Arbeitsgruppe bereits durchgeführt [9].

5 Schutzwirkung der Einhausungsmaterialien unter fluidischer Belastung

5.1 Beschleunigte Lebensdauertests

Seit den 1960er Jahren hat sich der beschleunigte Lebensdauertest (engl. accelerated life testing) (ALT) insbesondere für industrielle Anwendungen etabliert. Ziel ist es, in einer gegenüber der normalen Lebensdauer verkürzten Zeit, Produkte, elektronische Baugruppen, Bauelemente oder Materialien zu beurteilen [79]. In der Mikroelektronik dient der ALT im Wesentlichen dazu, vier Fehlerquellen herauszuarbeiten, die auf

1. thermomechanische Effekte,
2. thermochemische Mechanismen unabhängig von Feuchtigkeit,
3. feuchtebedingte thermochemische Prozesse und
4. mechanische Ursachen

beruhen [17].

Typischerweise kommen dazu Temperaturzyklen-, Temperature-humidity-bias (THB)-, High-temperature-operating-life (HTOL)- und Vibrationstests zum Einsatz. Prinzipiell wird dabei in qualitative und quantitative beschleunigte Lebensdauertests unterschieden. Zu den qualitativen Verfahren zählen die beschleunigte Grenzlastprüfung (engl. highly accelerated life test) (HALT), die Sortierprüfung bei stark erhöhter Belastung (engl. highly accelerated stress screening) (HASS) und die Prüfung bei stark erhöhter Belastung (engl. highly accelerated stress test) (HAST) [17]. Ziel dieser Verfahren ist es, Schäden durch ein erhöhtes Belastungsniveau zu provozieren, um diese frühzeitig im Produktentwicklungsprozess berücksichtigen zu können. Allerdings lassen diese Untersuchungen keine Aussagen zur Produktzuverlässigkeit unter normalen Bedingungen zu [49]. Deshalb ist es im Sinne des Risikomanagement-Prozesses sehr wohl erforderlich, Produkte in der Anwendungsphase sicherheitstechnisch zu verfolgen und Fehlerquellen ständig zu beseitigen.

Es sind zeitaufwendigere, quantitative Prüfverfahren erforderlich, bei denen die mittlere Betriebsdauer (engl. mean time to failure) (MTTF) durch statistische und experimentelle Analysen ermittelt wird [49]. Außerdem ist sicherzustellen, dass die Fehlermechanismen, die unter den Bedingungen der beschleunigten Alterung auftreten, auch unter normalen

Bedingungen sichtbar werden [163].
Üblicher Weise wird ein Beschleunigungsquotient B gebildet. Er setzt die Zeit t bis zum Auftreten eines Fehlers unter erhöhtem Stressniveau ins Verhältnis zur Zeit t' bis zum Auftreten des Fehlers bei Normalbedingungen:

$$B = \frac{t}{t'}. \tag{5.1}$$

Temperatur bedingte Fehlermechanismen wie zum Beispiel chemische Reaktionen und Diffusionsprozesse lassen sich mithilfe der Arrhenius-Gleichung beschreiben [17]. Die Reaktionsrate RR chemischer und physikalischer Prozesse wird gemäß Gleichung 5.2 berechnet zu:

$$RR = K \exp\left\{\frac{-E_a}{k \cdot T}\right\}. \tag{5.2}$$

K ist die phänomenologische Konstante des Fehlers unter den Testbedingungen, E_a beschreibt die Aktivierungsenergie (in eV), T ist die Temperatur (in K) und k die Boltzmannkonstante (8,6173 $\times 10^{-5}$ eV K^{-1}).
Die Anwendung der Arrhenius-Gleichung ermöglicht die makroskopische Beschreibung von Fehlermechanismen auf Basis elementarer Reaktionen [17]. Je höher die Reaktionsrate RR eines Vorgangs, desto kürzer ist die Zeit t bis zum Auftreten eines Fehlers. Infolgedessen gilt bei einem Experiment, dass bei zwei unterschiedlichen Temperaturen T_1 und T_2 durchgeführt wird, ein Beschleunigungsquotient B von:

$$B = \frac{t_2}{t_1} = \frac{RR(T_1)}{RR(T_2)} = \exp\left\{\frac{E_a}{k}\left[\frac{1}{T_2} - \frac{1}{T_1}\right]\right\}. \tag{5.3}$$

Die Aktivierungsenergie E_a ist entweder aus der Literatur bekannt oder experimentell zu ermitteln. Allerdings ist die Aktivierungsenergie von Einflüssen wie dem Probenaufbau, der Temperatur und der Feuchtigkeit abhängig, was deren exakte Bestimmung erschwert. Aus diesem Grund sind in der wissenschaftlichen Literatur wenig Daten ausgewiesen.
Hinzu kommt, dass unter dem Einfluss erhöhter Feuchtigkeit Korrosionsprozesse in Gang gesetzt werden, deren Auswirkungen auf die sich ändernde Aktivierungsenergie experimentell nur schwer quantifizierbar ist [115]. Deshalb werden bei der Entwicklung aktiver Implantate beschleunigte Alterungstests eingesetzt, um mögliche Fehlermechanismen zu identifizieren und die Zuverlässigkeit der Produkte zu erhöhen und eine zu erwartende Lebensdauer zu ermitteln [163]. Ziel ist es, den Produktentwicklungsprozess auch für Langzeitimplantate, deren Lebensdauer mehrere Jahre beträgt, auf einen sinnvollen Zeitraum zu begrenzen. Typischerweise werden Medizinprodukte, insbesondere Implantate, in einer simulierten Umgebung geprüft, die den spezifischen Anforderungen des Anwendungsortes entspricht.

5.2 Prüfung der Schutzwirkung in einer simulierten Umgebung

In der Literatur sind verschiedene Vorgehensweisen beschrieben, um die Zuverlässigkeit nicht-hermetischer Einhausungen unter der Berücksichtigung von unterschiedlichen

Einflüssen (vor allem Temperatur, Feuchte und elektrische Spannung) zu charakterisieren [12, 75, 132, 151].
So rezensiert zum Beispiel Vanhoestenberghe et al. über die Lebensdauer von hermetisch und nicht-hermetisch (Silikon) eingehausten Siliziumchips [142]. Diese wurden in verschiedenen THB-Tests bei 85 °C und 85 % Luftfeuchtigkeit ausgelagert. Dabei beaufschlagte man die Testschaltkreise mit einer elektrischen Gleichspannung, die eine Stromstärkendichte zwischen den Leiterbahnen von 0,0025 A m^{-2} bis 25 A m^{-2} erbrachte. Im Ergebnis zeigte sich eine MTTF von 250 Stunden bei der höchsten Stromstärkendichte und eine MTTF von mehr als 10000 Stunden bei der niedrigsten [113, 114]. Allerdings waren aufgrund von fehlenden Werten für die Aktivierungsenergie keine verlässlichen Voraussagen zur Lebensdauer unter realen Bedingungen (37 °C und 100 % Feuchtigkeit) möglich. Der Autor leitete einen mathematischen Zusammenhang zwischen der Lebensdauer eines Siliziumchips $MTTF$ und den Einflussfaktoren Temperatur T, relativer Feuchte RH und Stromdichte J (korrosive Alterung) her [142]:

$$MTTF \propto \exp\left\{\frac{-E_{a_{RH}}}{k \cdot T}\right\} \cdot \exp\{r\} \cdot \exp\{-n \cdot RH\} \cdot \frac{1}{J}. \tag{5.4}$$

Wobei die Variable r die Erhöhung der Aktivierungsenergie durch die Einhausung widerspiegelt ($r_{nackt} = 0$ und $2,3 < r_{eingehaust} < 4,6$) und die Variable n einen experimentell ermittelter Wert in Abhängigkeit der Temperatur und der Probe entspricht ($0,1 < n < 0,8$).
Eine andere Arbeitsgruppe untersuchte PDMS, das als Einhausungsmaterial von elektrischen Strukturen auf FR4-Substrat diente. Dazu wurde eine Leckstrommessung bei verschiedenen Temperaturen von 40 °C und 85 °C in Natriumchlorid-Lösung durchgeführt [49, 96].
Rubehn et al. untersuchten die mechanischen und die chemischen Eigenschaftsänderungen von Polyimid ebenfalls unter beschleunigten Bedingungen (erhöhte Temperatur 60 °C und 85 °C), gelagert in eine phosphatgepufferte Salzlösung (engl. phosphate buffered saline) (PBS) über einen Zeitraum von 20 Monaten. Im Vergleich zu Referenzproben und Proben die bei 37 °C lagerten, waren keine Veränderungen des Materials feststellbar. Erst bei einer Temperatur von 85 °C waren Abbauprozesse gravimetrisch und durch IR-spektroskopische Aufnahmen nachweisbar. Diese Ergebnisse dienten ausschließlich einer qualitativen Bewertung des Materials, wobei die Autoren die Ergebnisse bei 85 °C als ungeeignet einstuften, um Aussagen zum Langzeitverhalten von Polyimid bei 37 °C zu treffen.
Als Substrat- und Einhausungsmaterial in einem Retinaimplantat wurden Parylene C-Schichten von Li et al. charakterisiert. Die Proben wurden bei 77 °C und 90 °C in einer Natriumchlorid-Lösung für mehr als 80 Tage ausgelagert. Die Proben, die bei 90 °C lagerten, zeigten bereits nach 23 Tagen Blasen und Delaminationen, während für die anderen keine Veränderungen zu beobachten waren [101]. Die Schäden an den elektrisch betriebenen Proben ließen sich anhand von Widerstandsmessungen einfacher Widerstandsstrukturen feststellen. Nach 28 Tagen in 75 °C warmer 0,9-prozentiger Natriumchloridlösung stiegen die Widerstände von 10 Ω auf 22 kΩ an [101].

Unter vergleichbaren, beschleunigten Versuchsbedingungen untersuchte die Arbeitsgruppe weiterhin den Einfluss der Schichtdicke von Parylene C. Während Proben mit einer Schichtdicke von 4,7 µm bereits nach 20 Stunden erhöhte Widerstandswerte aufwiesen, war bei einer Schichtdicke von 9,2 µm erst nach 60 Tagen ein signifikanter Anstieg der Widerstände zu beobachten [100].

Hsu et al. untersuchten die Schutzwirkung von Parylene C beschichteten Proben mittels Impedanzspektroskopie und Leckstrommessung, nachdem die Proben für 487 Tagen in 37 °C warmer 0,9-prozentiger Natriumchlorid-Lösung lagerten [89]. Aufgrund unveränderter Impedanz- und Stromwerte schlussfolgerten sie, dass weder eine Materialdegradation stattfand, noch die isolierenden Eigenschaften des Materials beeinträchtigt wurden.

Die Ausführungen dieser Forschungsgruppen belegen die Notwendigkeit beschleunigter Alterungstests in einer simulierten Umgebung. Häufig finden diese Untersuchungen in einer Natriumchloridlösung und in einem Temperaturbereich von 50 °C bis 90 °C für Versuchszeiträume von mehreren Wochen bis Monaten statt.

Neben passiven Versuchsanordnungen, die vorrangig die chemischen oder mechanischen Materialeigenschaften im Langzeitversuch charakterisieren, kommen elektrische Messverfahren zum Einsatz, um für aktive Medizinprodukte eine Aussage ableiten zu können. Unter dem Einfluss einer Modellflüssigkeit und eines elektrischen Feldes kommen verschiedene Fehlerursachen zum Tragen, die wiederum unterschiedliche Fehlerbilder ergeben (Abbildung 5.1).

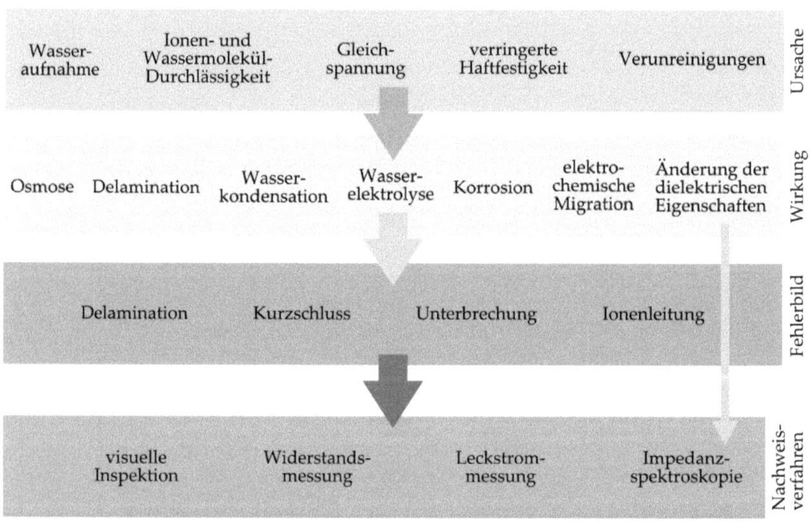

Abbildung 5.1: Bestimmung der Schutzfunktion von polymeren Einhausungsmaterialien in simulierter Umgebung anhand verschiedener Fehlerbilder und geeigneter Nachweisverfahren

Das Auftreten bestimmter Fehler wie Delamination, Kurzschlüsse, Unterbrechungen und Fehlerströme (zum Beispiel durch Ionenleitung) und deren Intensität wurden als ein Maß für die Schutzfunktion des polymeren Einhausungsmaterials gewertet. Erfasst wird das Auftreten dieser Fehler in der simulierten Umgebung mithilfe

- einer Widerstandmessung,
- einer Impedanzspektroskopie und
- einer Leckstrommessung.

Die Norm DIN EN ISO 10993-13:2010-11 *Biologische Beurteilung von Medizinprodukten - Teil 13: Qualitativer und quantitativer Nachweis von Abbauprodukten in Medizinprodukten aus Polymeren* beinhaltet allgemeine Anforderungen an die Prüfungen von Medizinprodukten aus Kunststoff in einer simulierten biologischen Umgebung. Für eine beschleunigte Prüfung empfiehlt die Norm eine erhöhte Temperatur von 70 ± 2 °C, soweit es die verwendeten Materialien zulassen. Für Produkte mit einer vorgesehenen Anwendungsdauer von mehr als 30 Tagen ist ein Prüfzeitraum zwischen zwei bis 60 Tagen anzustreben [161].

5.3 Materialien und Methoden

5.3.1 Versuchsaufbau zur fluiddynamischen Beanspruchung

In Hinblick auf die Verwendung des flexiblen Drucksensormoduls im Blutkreislauf wurde die Schutzwirkung der verschiedenen polymeren Einhausungsmaterialien unter simulierten beschleunigten Versuchsbedingungen geprüft. Dazu erfolgte anders als bei den vorgestellten Publikationen (siehe Abschnitt 5.2), bei denen die verschiedenen Probekörper in eine statische Modellflüssigkeit getaucht wurden, die Prüfung unter einer fluiddynamischen Beanspruchung von Probekörpern.
Für diesen Zweck wurde ein Strömungskreislauf konzipiert, der in seinen wesentlichen Komponenten bereits für Untersuchungen zur hydrolytischen Biostabilität von Materialien der AVT Verwendung fand [11]. Um jedoch die Schutzwirkung polymerer Einhausungsmaterialien für elektrisch betriebene (aktive) Implantate in Abhängigkeit einer fluidischen Belastung zu untersuchen, erfolgte der Aufbau eines neuen Versuchsstandes [43, 44, 45].
Ziel dieser Neuentwicklung war es, die fluidische Belastung von Probekörpern durch einen definierten Flüssigkeitsstrom mit einer elektrischen Messung nach dem Schema in Abbildung 5.1 zu ergänzen und führte zu einer Patentanmeldung mit dem Titel *Messsystem zum gleichzeitigen Messen einer fluiddynamischen Belastung und einer elektrischen Belastung eines zu untersuchenden Werkstoffs* [164]. Dazu dienten einfache elektrische Strukturen (Widerstand, Kapazität) auf den Probekörpern (siehe Abschnitt 5.3.2), die mit dem zu untersuchenden Einhausungsmaterial beschichtet waren.
Korrosionsprozesse, die Leiterzüge unterbrechen und damit deren Widerstand erhöhen, wurden mithilfe der Widerstandsmessung ermittelt. Für die Charakterisierung von dielektrischen Eigenschaftsänderungen der zu untersuchenden Einhausungsmaterialien

und das Auftreten von Delaminationen wurde die Durchführung einer Impedanzspektroskopie vorgesehen. Durch Rückführung auf eine Kapazitätsmessung im diskreten Frequenzbereich von 0,1 kHz bis 100 kHz konnten die Messwerte gewonnen werden. Während der Leckstrommessung wurden die Teststrukturen dauerhaft mit einer Gleichspannung beaufschlagt, wodurch sich Fehlerströme zum Beispiel aufgrund von Ionenleitung, einer erhöhten Dielektrizitätszahl der Einhausung oder durch Dentritenwachstum (elektrochemische Migration) auslösen lassen, deren zeitliches Auftreten ebenfalls eine Aussage zur Schutzwirkung der verwendeten Einhausungsmaterialien erlaubt.
Durch die visuelle Inspektion der Probekörper nach Beendigung der Versuche ließen sich dann die Fehlerbilder den verschiedenen Ursachen und deren Wirkung zuordnen.
Der modular aufgebaute Strömungskreislauf besteht aus einer Strömungskammer, in dem die Probekörper eingebracht werden, einer Schlauchpumpe und einem temperierten Flüssigkeitsspeicher. Alle Komponenten sind mit Silikonschläuchen zu einem geschlossenen Kreislauf verbunden, wie es schematisch in Abbildung 5.2 dargestellt ist.

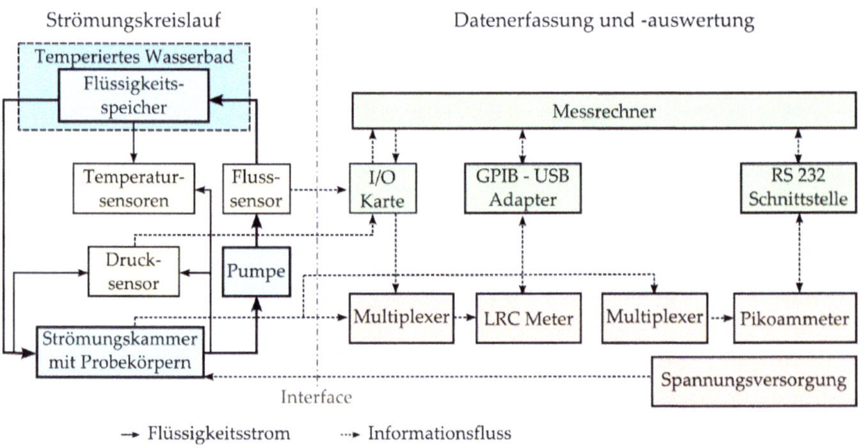

Abbildung 5.2: Schematische Darstellung des Strömungskreislaufes für die dynamische Untersuchung polymerer Einhausungsmaterialien in simulierter Umgebung

In der Strömungskammer wurden drei Probekörper so platziert, dass eine hauptsächlich laminare Umströmung mit der Modellflüssigkeit erfolgte, während sich die elektrischen Kontakte der Probekörper außerhalb der Strömungskammer befanden. Auf diese Weise war die elektrische Schnittstelle zwischen den Probekörpern und den Komponenten der Messeinheit vor der Modellflüssigkeit geschützt. Details zur Konstruktion und Modellierung der Strömungskammer, wie sie schematisch in Abbildung 5.3 dargestellt ist, sind der Quelle [45] zu entnehmen.
Die elektrischen Strukturen auf den Probekörpern waren mit zwei über einen Messrechner gesteuerten Multiplexern verbunden, wodurch die elektrischen Kenngrößen sequenziell mit dem LRC-Meter oder dem Pikoampermeter gemessen wurden.

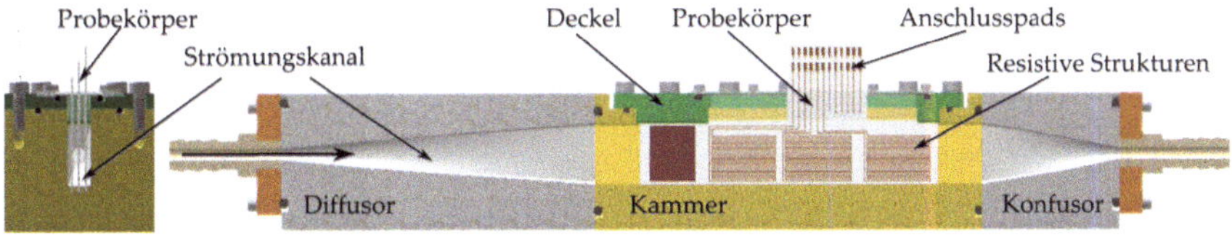

Abbildung 5.3: Strömungskammer im Querschnitt (links) und Längsschnitt (rechts) [93]

Das Messprotokoll war über ein LabVIEW (Laboratory Virtual Instrumentation Engineering Workbench) - Programm auf dem Messrechner hinterlegt. Die detaillierte Beschreibung des Messaufbaus sind den Quellen [43, 44] enthalten. Auf diese Weise war eine reproduzierbare Datenerfassung der Kenngrößen der Probekörper in bestimmten Messintervallen während der fluidischen Belastung sichergestellt.
Mithilfe von Temperatur-, Druck- und Flusssensoren, die in den Strömungskreislauf eingebracht waren, ließen sich konstante Versuchsbedingungen, wie sie in der Tabelle 5.1 aufgelistet sind, sicherstellen. Die gewählten Parameter zur Temperatur und Versuchsdauer entsprachen den Empfehlung der Norm DIN EN ISO 10993-13:2010 [161].

Tabelle 5.1: Parameter und Einstellungen der einzelnen Komponenten für die fluiddynamische Belastungsmessung im Strömungskreislauf

Komponente	Parameter	Einstellung
Probekörper im Kammerinneren	Länge	100 mm
	Höhe	20 mm
Strömungskammer	Temperatur	70 ± 1 °C / 40 ± 0,5 °C
	Strömungsgeschwindigkeit	0,14 m s^{-1}
	Druckdifferenz	21 Pa
	Anzahl Probekörper	drei
Flüssigkeitsspeicher	Füllmenge	1300 ml
	Modellflüssigkeit	physiologische Kochsalzlösung
Wasserbad/ Heizplatte	Temperatur	78 °C / 43 °C
	Entgasung	mittels Ultraschall
Schlauchpumpe	Rotationsgeschwindigkeit	95 rpm
	Flussrate	913 ml min^{-1}
	Schlauchdurchmesser	8 mm
Messrechner	Messintervall	30 min
	Versuchsdauer	30 d bis 60 d
	Messspannung LRC-Meter	1 V
	Messfrequenz LRC-Meter	0,1 kHz bis 100 kHz
	Messspannung Leckstrom	10 V

5.3.2 Probekörper zur Bestimmung der Schutzwirkung der Polymere

Die Konstruktion der Strömungskammer sah die Aufnahme von drei Probekörper mit einer Länge von 100 mm, einer Höhe von 23 mm und einer Dicke von 0,7 mm vor. Die Fahne mit den Anschlusspads ragte aus der Strömungskammer heraus, wurde über einen separaten Deckel abgedichtet und war für die drei einzelnen Probekörper abgestuft vorzusehen, um die elektrische Kontaktierung zu ermöglichen (siehe Abbildung 5.3).
Es wurden zwei verschiedene Probekörper entwickelt: starre, keramische Probekörper und flexible, polymere Probekörper. Ziel war es, die Probekörper so zu gestalten, dass mögliche Fehlerbilder ausschließlich auf die Schutzwirkung der Einhausungsmaterialien zurückzuführen waren.

Starre Probekörper

Aufgrund der Tatsache, dass keramische Werkstoffe nicht mit ihrer Umgebung wechselwirken, fand zunächst eine Aluminiumoxidkeramik (Rubalit® 708 S, CeramTec GmbH) als Substratmaterial für die Probekörperherstellung Verwendung. Mittels Dickschichttechnik wurden darauf resistive und kapazitive Strukturen mit einer Silber-Platin-Paste (Heraeus C 4727, Heraeus Precious Metals GmbH & Co. KG) mit einer Leiterzugbreite von 150 μm gedruckt (siehe Abbildung 5.4 und Tabelle 5.2).

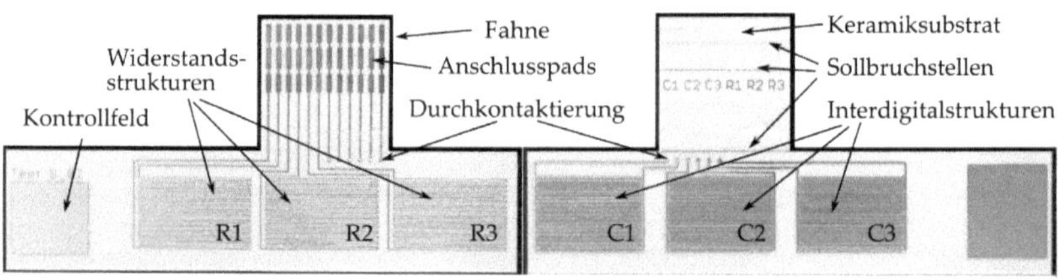

(a) Vorderseite mit mäanderförmigen Strukturen (b) Rückseite mit Interdigitalstrukturen

Abbildung 5.4: Starre, keramische Probekörper mit resistiven (a) und kapazitiven Strukturen (b) sowie Anschlusspads auf der Vorderseite

Die drei Widerstände auf der Vorderseite waren mäanderförmig ausgeführt (resultierender Widerstand: $19,9 \pm 0,4\,\Omega$), während sich auf der Rückseite kapazitive Strukturen in Form von Interdigitalstrukturen befanden (resultierende Kapazität: $59,7 \pm 8,3\,\text{pF}$). Sowohl auf der Vorder- als auch auf der Rückseite waren flächige Kontrollfelder vorgesehen. Die Beschichtung der Probekörper mit dem jeweiligen Einhausungsmaterial erfolgte entsprechend der Angaben in Tabelle A.2 auf Seite 127. Im Falle der gießfähigen Materialien war die Tauchbeschichtung zu bevorzugen, sodass nur die Anschlusspads unbeschichtet verblieben.

Flexible Probekörper

Als flexibles Trägermaterial wurde Polyimid verwendet, dessen Wechselwirkung mit der Umgebung hinreichend beschrieben wurde. Der Aufbau eines flexiblen, biokompatiblen Probekörpers war in Hinblick auf die zukünftige Anwendung realistischer, als es bei den keramischen Probekörpern der Fall war, weshalb weiterführende Untersuchungen an diesen Probekörpern erfolgten. Außerdem war mit der Dünnschichttechnologie eine kleinere Strukturauflösung realisierbar (vergleiche Tabelle 5.2), wodurch Vorteile für die elektrische Messung zu erwarten waren.
Das Aufdampfen der Titan-Gold-Strukturen (10 nm Titan und 200 nm Gold), einschließlich der Beschichtung mit dem zu untersuchenden Einhausungsmaterial erfolgte auf einem Wafer, wie es schematisch im Anhang auf Seite 138 abgebildet ist (weitere Herstellungsdetails siehe [44]). Nach dem Abziehen des Schichtsystems vom Wafer und dem Zuschneiden auf die entsprechenden Maße wurde der flexible Probekörper auf einem keramischen Trägerrahmen fixiert, um ihn in die Strömungskammer einbringen zu können. Wie in Abbildung 5.5 zusehen, befanden sich eine mäanderförmige Widerstandstruktur sowie drei Interdigitalstrukturen auf dem Probekörper.

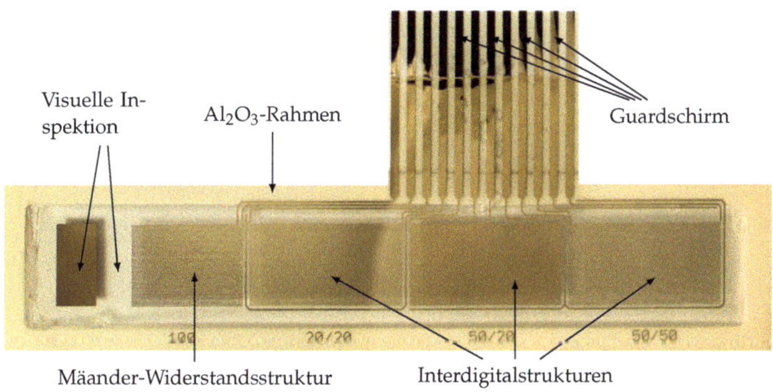

Abbildung 5.5: Flexible Probekörper fixiert auf einem Keramikrahmen [44]

Sowohl die mäanderformige Struktur, als auch die Interdigitalstruktur (Leiterzugbreite und -abstand von jeweils 20 µm) dienten der Impedanzmessung. Die übrigen Interdigitalstrukturen mit Leiterzugbreiten und -abstand von 50 µm und 20 µm beziehungsweise 50 µm und 50 µm fanden für die Leckstrommessung Verwendung. Die elektrostatische Feldausbreitung wurde für die genannten Leiterzuggeometrien simuliert. Anhand der Simulationsergebnisse war eine Schichtdicke der umgebenden Polymerschichten von mindestens 10 µm zu empfehlen [44], um die Feldausbreitung innerhalb der Polymerbeschichtung zu gewährleisten.

Tabelle 5.2: Vergleich starrer und flexiber Probekörper

	starre Probekörper	flexible Probekörper
Substratmaterial	Al_2O_3-Keramik	PI-2611
Trägerrahmen	-	Al_2O_3-Keramik
Technologie	Dickschichttechnik	Dünnschichttechnik
Leiterzüge		
Material	AgPt-Paste	Ti + Au
Dicke	8 µm bis 12 µm	10 nm Ti, 200 nm Au
Breite	150 µm	20 µm, 50 µm, 100 µm
Abstände	150 µm	20 µm, 50 µm, 100 µm
untersuchte Polymere	MED6-6606, Parylene C	PI-2611, EPO-TEK-310M-1
Vorteile	keine Wechselwirkung des Substratmaterials	kleinere Strukturauflösung
	einfachere Probenpräparation	flexibler Aufbau möglich
Nachteile	größere Strukturauflösung	aufwendigere Probenpräparation
	unzureichende Reinigungsmöglichkeiten	

5.4 Ergebnisse

5.4.1 Starre Probekörper

Mithilfe der starren Probekörper erfolgte zunächst die fluidische Belastung bei 70 °C eines Silikonmaterials (MED6-6606) und von Parylene C. Beide Materialien wurden mit einer Schichtdicke von 5 µm bis 6 µm beidseitig auf je drei Probekörper aufgebracht. Die fluidische Belastung erfolgte entsprechend den Angaben in Tabelle 5.1.
Die Widerstände und Kapazitäten der einzelnen Strukturen wurden während der fluidischen Belastung von 46 Tagen aufgezeichnet. Für jedes Material sind die Widerstand-Zeitverläufe beispielhaft an drei ausgewählten Strukturen in Abbildung 5.6 dargestellt. Die Darstellung der Messwerte für alle neun Widerstandsstrukturen ist im Anhang auf Seite 140 zufinden.
Die Tabelle 5.3 fasst die visuelle und die elektrische Bewertung der untersuchten Probekörper nach der fluidischen Belastung zusammen.
Bei den mit MED6-6606 beschichteten Probekörpern verteilten sich die korrodierten Fehlstellen sehr unterschiedlich (vgl. Bilder in Tabelle 5.3) auf den Leiterzügen, wobei die Kontrollfläche unbeschädigt blieb.
Stieg während der Versuchsdauer der Widerstand der mäanderförmigen Strukturen unwesentlich von durchschnittlich $17,9 \pm 0,4\,\Omega$ auf $19,3 \pm 0,7\,\Omega$ an (vergleiche Struktur R1 in Tabelle 5.3), so waren lediglich stochastisch verteilte, oberflächliche korrodierte Fehlstellen zu verzeichnen.

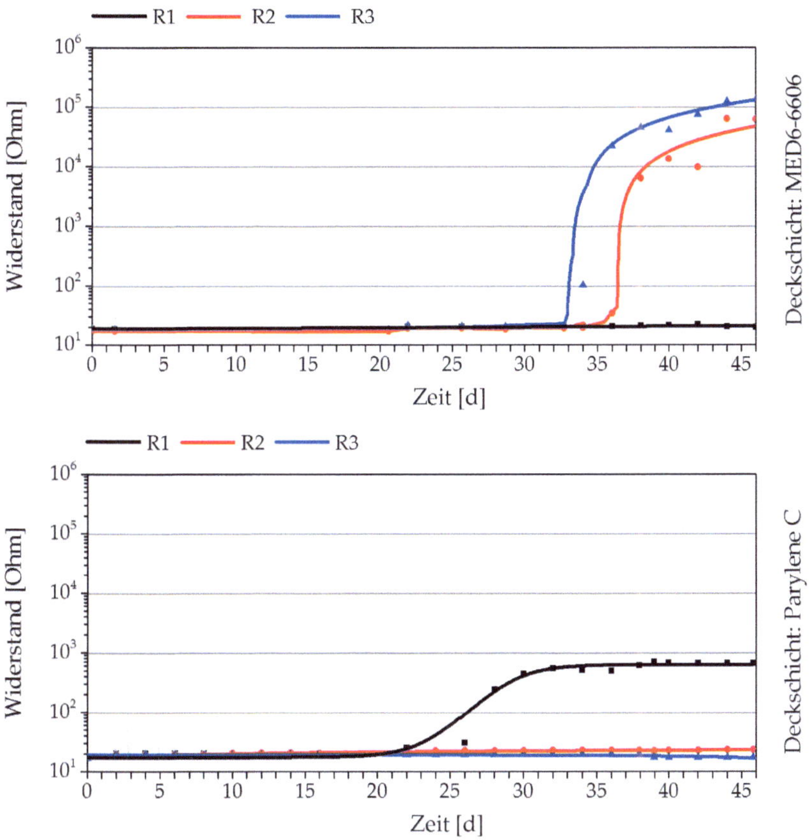

Abbildung 5.6: Widerstand-Zeitverläufe ausgewählter Strukturen beschichteter, starrer Probekörper, Messung erfolgte in 0,9 %iger NaCl-Lösung bei 70 °C

Insgesamt wiesen vier von neun Widerstandsstrukturen nach der fluidischen Belastung dieses Fehlerbild auf, was jedoch keinen elektrischen Funktionsausfall zur Folge hatte. Mikroskopische und rasterelektronenmikroskopische Untersuchungen zeigten, dass lediglich eine oberflächliche Korrosion der Leiterzüge stattfand, dem eine Delamination der Silikonbeschichtung vorausging. Ursache dafür können Poren in den Leiterzügen oder in der Beschichtung, sowie Kondensationskeime aufgrund von Verunreinigung der Probekörperoberfläche sein, wie sie in den rasterelektronenmikroskopischen Detailaufnahmen im Anhang auf Seite 139 zusehen sind. An diesen Stellen konnten im Laufe der fluidischen Belastung Wasser kondensieren, eine Delamination voranschreiten und Korrosionsprozesse stattfinden.

Deutlich ausgeprägter verliefen diese Prozesse auf den übrigen Probekörpern (vergleiche

Tabelle 5.3: Visuelle und elektrische Bewertung der Widerstandstrukturen eines MED6-6606 und Parylene C-beschichteten starren Probekörpers nach der fluidischen Belastung bei 70 °C

Deckschicht	Struktur R1	Struktur R2	Struktur R3
MED6-6606		Mikroskopische Aufnahme	
	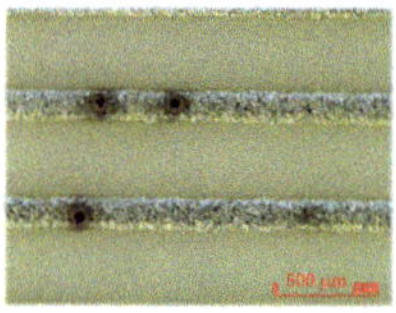	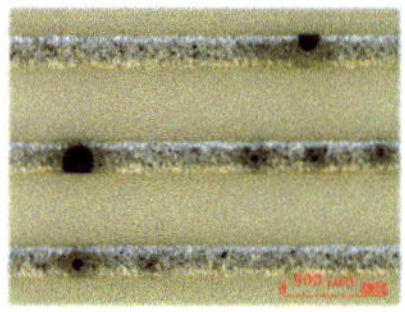	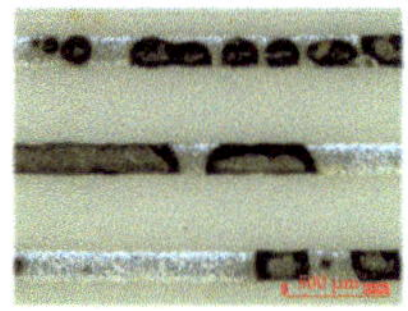
$R(t=0)$	$18,4\pm0,1\,\Omega$	$17,5\pm0,1\,\Omega$	$18,0\pm0,1\,\Omega$
$R(t=46\,\text{d})$	$19,9\pm0,1\,\Omega$	$59,4\pm1,1\,\text{k}\Omega$	$927,8\pm23,6\,\text{k}\Omega$
$t_2(R>50\,\Omega)$	-	36,2 d	32,8 d
Bemerkung	vereinzelte, oberflächliche Korrosion der Leiterzüge	vereinzelte, tiefgehende Korrosion der Leiterzüge	häufige, vollständige Unterbrechung der Leiterzüge
Parylene C		Ausschnittsaufnahme Probekörper	
	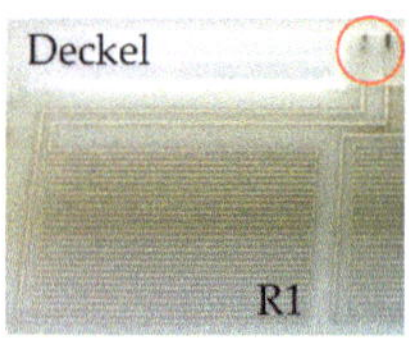		
$R(t=0)$	$18,8\pm1,1\,\Omega$	$18,4\pm1,0\,\Omega$	$18,0\pm0,1\,\Omega$
$R(t=46\,\text{d})$	$659,3\pm2,1\,\Omega$	$23,5\pm1,1\,\Omega$	$18,1\pm1,1\,\Omega$
$t_2(R>50\,\Omega)$	27,1 d	-	-
Bemerkung	Korrosion der Zuleitung im Deckel	keine Korrosion	keine Korrosion

Ergebnisse für Strukturen R2 und R3) und endeten in einer starken Korrosion der Leiterzüge. Diese Strukturen zeigten während der Messung ab frühestens dem 32. Versuchstag eine Widerstandserhöhung von $17,9\pm0,4\,\Omega$ auf durchschnittlich $670\pm530\,\text{k}\Omega$ (nach 46 Versuchstagen).

Mikroskopische und rasterelektronenmikroskopische Aufnahmen bestätigten die vollständige Unterbrechung der entsprechenden Leiterzüge, wie am Beispiel einer beschädigten Struktur in Abbildung 5.7 zu sehen. In der rasterelektronenmikroskopischen Aufnahme ist die Delamination der Silikonschicht von der korrodierten Leiterstruktur deutlich zu erkennen.

Unter der Annahme einer Aktivierungsenergie von $E_a = 0,79\,\text{eV}$, die für Korrosionspro-

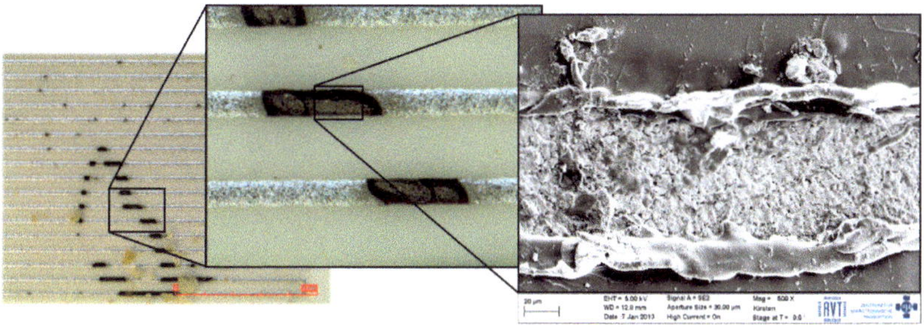

Abbildung 5.7: Mäanderförmige Widerstandsstruktur mit MED6-6606-Deckschicht nach fluidischer Belastung, mikroskopische Aufnahme (links (1x) und mitte (6,3x)) und rasterelektronenmikroskopische Aufnahme rechts (500x)

zesse von Silikon beschichteten Proben ermittelt wurde [49, 96], kann ein Beschleunigungsquotient wie folgt berechnet werden:

$$B = \frac{t_2}{t_1} = \frac{R(T_1 = 310\text{K})}{R(T_2 = 343\text{K})} = \exp\left\{\frac{E_a}{k}\left[\frac{1}{T_2} - \frac{1}{T_1}\right]\right\} = 17,3. \tag{5.5}$$

Die lokal konzentrierte Verteilung der korrodierten Fehlstellen deuten auf Verunreinigungen an der Oberfläche der keramischen Probekörper hin, wodurch keine optimale Probenpräparation gewährleistet war und die Ergebnisse verfälscht wurden.

Die auf die gleiche Weise präparierten Probekörper wurden auch mit Parylene C beschichtet. Die Strukturen wiesen nach der fluidischen Belastung keine Fehlstellen auf, auch wenn während dessen erhöhte Widerstände für einzelne Strukturen gemessen wurden.
Bei diesen Strukturen waren die Leiterzüge, die sich im Deckel der Strömungskammer befanden (Zuleitungen zu den Strukturen) und wo die Parylene C-Beschichtung endete, stellenweise korrodiert (siehe Abbildung A.16 auf Seite 141). Die Fahne der Probekörper, die als Leiterzug-Durchführung durch den Deckel diente, wurde während der Versuchsvorbereitung mit einem Silikon vergossen. Die Ergebnisse belegen, dass die Probekörper zum Teil nicht vollständig beschichtet waren.
Im Vergleich mit den MED6-6606 beschichteten Probekörper war eine deutlich bessere Schutzfunktion der Parylene C-Beschichtung anhand der ansonsten defektfreien Probekörper festzustellen.

Infolge der Korrosion von den Interdigitalstrukturen auf der Probenrückseite beziehungsweise den Zuleitungen, lieferte die Kapazitätsmessung keine sinnvollen Ergebnisse.
Insgesamt erwiesen sich die starren, keramischen Probekörper in ihrer Beschaffenheit als nur bedingt geeignet für die Beurteilung der Schutzwirkung der polymeren Einhausungsmaterialien.

5.4.2 Flexible Probekörper

Die flexiblen Probekörper wurden entweder mit Polyimid (PI-2611) oder mit Epoxidharz (EPO-TEK-310M-1) beschichtet und für 30 Tage bei 40 °C entsprechend der Angaben in Tabelle 5.1 fluidisch belastet.
Die Ergebnisse der visuellen und elektrischen Auswertung sind in der Tabelle 5.4 zusammengefasst. Die umfangreiche Ergebnisdarstellung findet sich in der Quelle [44].

Tabelle 5.4: Visuelle und elektrische Bewertung der mit Polyimid (PI-2611) und Epoxidharz (EPO-TEK-310M-1) beschichteten flexiblen Probekörper nach der fluidischen Belastung bei 40 °C [44]

Deckschicht	Widerstand	Blindwiderstand
PI-2611	Bildausschnitt mit 50-facher Vergrößerung [44]	
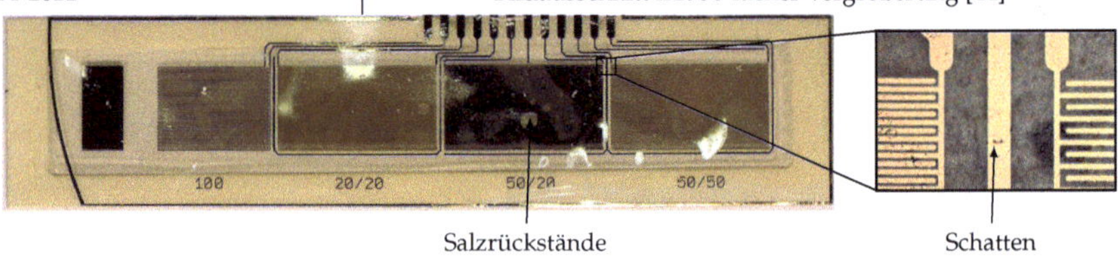		
Impedanz bei $t = 0$	$1355 \pm 1{,}5\,\Omega$	$10{,}7 \pm 0{,}1\,\Omega$
Impedanz bei $t = 30\,\mathrm{d}$	$1348 \pm 1{,}2\,\Omega$	$79{,}3 \pm 0{,}2\,\Omega$
Bemerkung	keine Korrosion erkennbar	
EPO-TEK-310M-1	Bildausschnitte mit 50-facher Vergrößerung [44]	
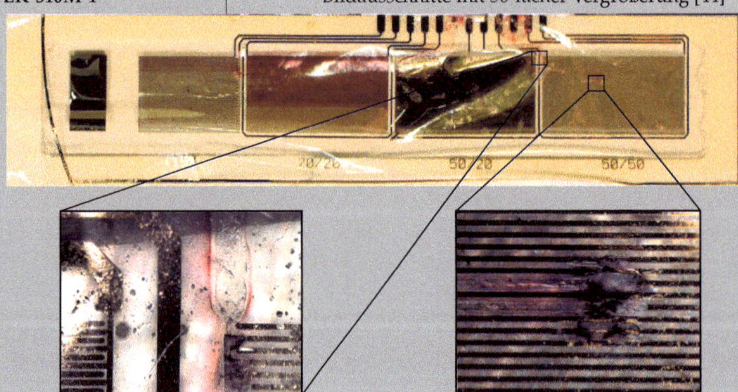		
Impedanz bei $t = 0$	$1177 \pm 1{,}8\,\Omega$	$9{,}8 \pm 0{,}1\,\Omega$
Impedanz bei $t = 30\,\mathrm{d}$	$1{,}01 \pm 0{,}21\,\mathrm{M}\Omega$	$97{,}4 \pm 0{,}1\,\Omega$
Bemerkung	starke Korrosion bei allen Strukturen, Anstieg des Widerstandes nach drei Tagen fluidischer Belastung	

Nach der 30-tägigen Belastung waren an den mit Polyimid beschichten Strukturen, die sich in der Strömungskammer befanden, keine Beschädigungen feststellbar (siehe Abbildung in Tabelle 5.4). Einige Kontakte außerhalb der Strömungskammer wiesen Korrosion auf, die auf Salzrückstände infolge austretender Modellflüssigkeit an den unbeschichteten Kontaktflächen zurückzuführen waren.
Eine chemische Reaktion aufgrund der Elektrolytrückstände und der elektrischen Spannung führte zu einer anodischen Auflösung der Goldleiterbahnen unter der Bildung von Goldchlorid [44, 85]. Aufgrund dessen war ein um das 7,4-fache erhöhter Blindwiderstand der Interdigitalstruktur (20 / 20) messbar, auch wenn die Struktur selbst nicht beschädigt wurde.
Die Widerstandsstruktur wies während der gesamten Messung einen unveränderten Widerstandswert von durchschnittlich $1351 \pm 1{,}4\,\Omega$ auf und widerspiegelt damit die sehr gute Schutzwirkung des Polyimids.

Anders verhielt es sich bei dem mit Epoxidharz beschichteten Probekörper. Die steigenden Impedanzwerte während der fluidischen Belastung ließen sich nach Abschluss der Messung visuell anhand der stark korrodierten Strukturen belegen. Bereits nach einer dreitägigen fluidischen Belastung war ein Anstieg der Widerstandswerte zu verzeichnen. Nach der 30-tägigen Versuchsdauer stieg der Wert von $1{,}2\,k\Omega$ auf $1{,}0\,M\Omega$ an.
Als Ursachen für die starke Beschädigung des Probekörpers während der fluidischen Belastung sind die erhöhte Wasseraufnahme des Polymers, Verunreinigungen bei der Probenpräparation aber auch Fehlstellen bei der Epoxidharz-Beschichtung zu nennen.
Die Titan /Gold -Metallisierung wirkte in Kontakt mit der Natriumchlorid-Lösung als galvanisches Element und führte zur korrosiven Auflösung der Metallisierung. Gold gelöst als Nanopartikel in kolloidaler Form erscheint rötlich gefärbt [44], wie es insbesondere bei der Widerstandsstruktur, der Interdigitalstruktur (20 / 20) und den Zuleitungen auffällig war.
Insgesamt belegen die Ergebnisse die unzureichende Schutzwirkung des Epoxidharzes unter den beschriebenen simulierten Bedingungen.

Die Auswertung der Leckstrommessung war aufgrund der beschriebenen Beschädigungen der Probekörper wenig sinnvoll. Das Auftreten von Leckströme, die für alle Proben in einem Bereich von $0{,}4\,nA$ bis $2{,}5\,nA$ lagen, war auf den Probekörpern nicht eindeutig zuzuordnen. So konnte während der Messung nicht unterschieden werden, ob der gemessenen Leckstrom wie vorgesehen innerhalb der Interdigitalstruktur, als Fehlerstrom über andere Strukturen oder innerhalb des Elektrolyten auftrat.

5.5 Zusammenfassung

Die Untersuchung im Strömungskreislauf erlaubten die Beurteilung der Schutzfunktion von polymeren Einhausungsmaterialien unter simulierten Bedingungen. Dabei kommen die relevanten Eigenschaften wie das Barriereverhalten und die Haftfestigkeit der Poly-

mere zum Tragen und führen in einem unterschiedlichen Ausmaß zu einem Fehlerbild, das sich sowohl visuell als auch mithilfe elektrischer Kennwerte beurteilen lässt.
Innerhalb dieser Untersuchungen kamen zwei verschiedene Probekörper zum Einsatz. Die keramischen, starren Proben erwiesen sich in ihrer Handhabung und aufgrund der Tatsache, das sie nicht mit ihrer Umgebung wechselwirken, als vorteilhaft. Abgesehen davon waren die im Dickschichtverfahren aufgebrachten Leiterzüge hinsichtlich ihrer geometrischen Abmessungen und ihrer Oberflächenqualität (Struktur und Reinheit) eher ungeeignet.
Die Probenpräparation der flexiblen Probekörper war aufwendiger, aber besser reproduzierbar. Da dabei das Polyimid gleichermaßen als Substrat- als auch als Einhausungsmaterial diente, ist dessen Wechselwirkung mit der simulierten Umgebung zu berücksichtigen. Insgesamt war in den Versuchen das Polyimid ein geeignetes Material.
Insbesondere die Widerstandsmessung während der fluidischen Belastung und die visuelle Inspektion der Probekörper danach, lieferten wertvolle Erkenntnisse zur Schutzwirkung der Polymere.
Sowohl die mit Polyimid PI-2611 als auch die Parylene C-beschichteten Probekörper wiesen nach der fluidischen Belastung keine Beschädigungen auf, die mit der jeweiligen Beschichtung im Zusammenhang stand. Somit besitzen beide Materialien eine ausgezeichnete Schutzwirkung.
Silikon MED6-6606 und Epoxidharz EPO-TEK-310M-1 sind als Einhausungsmaterial ungeeignet. Bei dem Silikon wurde nach einer Versuchsdauer von 32,8 Tagen bei 70 °C erhöhte Widerstandswerte und damit die Korrosion der Leiterzüge detektiert. Unter Annahme einer Aktivierungsenergie von 0,79 eV entspricht das einer Lebensdauer unter Normalbedingungen (37 °C) von ca. 19 Monaten. Währenddessen zeigte die mit Epoxidharz beschichtete Probe bereits nach drei Tagen unter Normalbedingungen Korrosionserscheinungen.

Beschleunigte Alterungstests sind ein sehr wirksames Mittel, die Schutzwirkung von Einhausungsmaterialien qualitativ zu beurteilen. Für eine zuverlässige Lebensdauervoraussage sind jedoch umfangreiche Untersuchungen notwendig, um den Beschleunigungsquotienten für den jeweiligen beschleunigten Alterungstest zu ermitteln.
Die Untersuchung von Probekörpern in einer simulierten Umgebung ist ein geeignetes Mittel zur Materialauswahl für die Funktionserfüllung eines hochspezialisierten Medizinprodukts und ein effektives Arbeitsinstrument des Ingenieurs.

6 Zusammenfassende Bewertung und Ausblick

Ausgehend von dem Anwendungsbeispiel der Entwicklung eines flexiblen Drucksensormoduls für die Integration in einem Stentgraft wurden in dieser Arbeit wesentliche Anforderungen an die BioAVT erläutert. Entsprechend der grundlegenden Forderung nach Miniaturisierung und Flexibilität des Implantates waren nicht-hermetische Einhausungskonzepte zu bevorzugen, die den Einsatz von polymeren Einhausungsmaterialien erforderten.
Vor dem Hintergrund der langfristigen Anwendungsdauer von mehreren Jahren bis Jahrzehnten ist der Einsatz von Polymeren als Einhausungsmaterialien in kommerziellen Implantaten noch nicht ausreichend erforscht und wenig publiziert. Insbesondere die unterschiedlich stark ausgeprägten Wechselwirkungen der Polymere mit ihrer Umgebung beeinträchtigen die Zuverlässigkeit und damit die Lebensdauer der Implantate.

Für den Aufbau des flexiblen Sensormoduls, insbesondere für dessen nicht-hermetische Einhausung, wurden Silikone, Polyimide, Parylene C und Epoxidharze als Funktionswerkstoffe betrachtet. Die unterschiedlichen Eigenschaften der Materialien erforderten verschiedene Untersuchungen zu physikalischen und chemischen Abläufen bis hin zur Ermittlung von Materialeigenschaftsänderungen, um letztlich die Funktionsbaugruppe durch ein oder mehrere Polymereinhausungen zu schützen.
Nach einer Analyse typischer Ausfallursachen wurden das Barriereverhalten der Polymere, die Haftfestigkeit des Materialverbundes und die Schutzwirkung der Polymere unter simulierten Bedingungen charakterisiert.

Das Barriereverhalten ließ sich mittels der Ergebnisse zur Messung der Wasseraufnahme, Wasserdampf- und Ionendurchlässigkeit der Polymere beurteilen. Diese Untersuchungen bescheinigten Polyimid und Parylene C günstige Eigenschaften.
Im Zusammenhang mit der Wasseraufnahme der Materialien ließen sich keine wesentlichen Veränderungen in der Polymermatrix mittels IR-spektroskopischer Aufnahmen feststellen.
Für die Untersuchung der Ionendurchlässigkeit wurde ein Messplatz aufgebaut, der den Anstieg der Ionenkonzentration auf der Permeatenseite über die Bestimmung der Leitfähigkeitsänderung unter isothermen und isobaren Versuchsbedingungen ermöglicht. Dieser Messplatz ist für weitere, ähnliche wissenschaftliche Aufgabenlösungen geeignet und wurde bereits von anderen Arbeitsgruppen genutzt.

Der prinzipielle Aufbau des Drucksensormoduls bestimmte mögliche Materialverbindungen, deren Haftfestigkeit auch unter dem Einfluss von Wasseraufnahme, Oberflächenvorbehandlung und Sterilisationsprozess ermittelt wurde. Aufgrund der unterschiedlichen Verarbeitbarkeit der Polymere kamen verschiedene Messverfahren (Zug-, Schäl-, und Gitterschnittprüfung) zur Anwendung, weshalb die Ergebnisse insgesamt eine qualitative Bewertung zulassen.
Es wurde deutlich, dass sich aufgrund des unterschiedlichen chemischen Aufbaus der Polymere die verschiedenen Einflussfaktoren ungleich auf die Haftfestigkeit der jeweiligen Materialverbindung auswirkten.
Anhand der erzielten Ergebnisse lassen sich unter Berücksichtigung der Einflussfaktoren zu bevorzugende Materialverbindungen benennen. Dies sind vor allem Materialverbindungen mit Epoxidharz.
Bedeutsam sind Einflüsse aus der Oberflächenvorbehandlung und Materialeigenschaftsänderungen durch Sterilisationsprozesse, die auch die Haftfestigkeit ungünstiger Materialverbindungen teilweise positiv beeinflussen. Die vorgestellten Ergebnisse liefern Anhaltspunkte für geeignete Prozessparameter.

In einer simulierten Umgebung (fluiddynamische Belastung von polymereingehausten Probekörpern) erfolgten die elektrische und visuelle Untersuchung zur Schutzwirkung der einzelnen Einhausungsmaterialien. Dabei kamen zwei verschiedene Probekörper zum Einsatz, die verschiedene Vor- und Nachteile besaßen. Trotz der aufwendigeren Probenpräparation erwiesen sich die flexiblen Probekörper (Substratmaterial: Polyimid, Metallisierung Ti+Au) als besser geeignet und werden auch für zukünftige Messungen eingesetzt.
Bei der fluidischen Belastung unter Normalbedingungen versagte das untersuchte Epoxidharz (EPO-TEK-310M-1) bereits nach zwei Tagen, während das Silikon (MED6-6606) der Belastung ca. 570 Tage standhielt (unter Annahme vergleichbarer Versuchsbedingungen). Die Probekörper, die mit Parylene C und Polyimid beschichtet wurden, zeigten nach dem jeweiligen Versuch keine Beschädigungen.
Weiterführend sollten die Probekörper qualitativ verbessert werden, um vor allem die Leckstrommessung in die Auswertung einbeziehen zu können. Darüber hinaus sind Versuchsreihen zu planen, anhand derer Lebensdauervoraussagen unter Zuhilfenahme der Arrhenius-Gleichung möglich sind.

Ausgehend von den aufgeführten Untersuchungsergebnissen in den vorangegangen Kapiteln und einer umfangreichen Literaturrecherche ist eine qualitative Bewertung der verschiedenen Polymere notwendig. Hierbei sind die unterschiedlichen Eigenschaften innerhalb einer Materialgruppe (wie die der Silikone oder der Epoxidharze) zusammengefasst betrachtet, da sie sich im Vergleich zu den anderen Materialgruppen nur wenig unterscheiden. Die Abbildung 6.1 stellt die Bewertung der relevanten Merkmale wie das Barriereverhalten (Wasseraufnahme und Durchlässigkeit), der Haftfestigkeit und der Schutzwirkung unter fluidischer Belastung nach den Prädikaten *vorteilhaft* (++), *zulässig* (○) bis hin zu *nachteilig* (- -) dar.

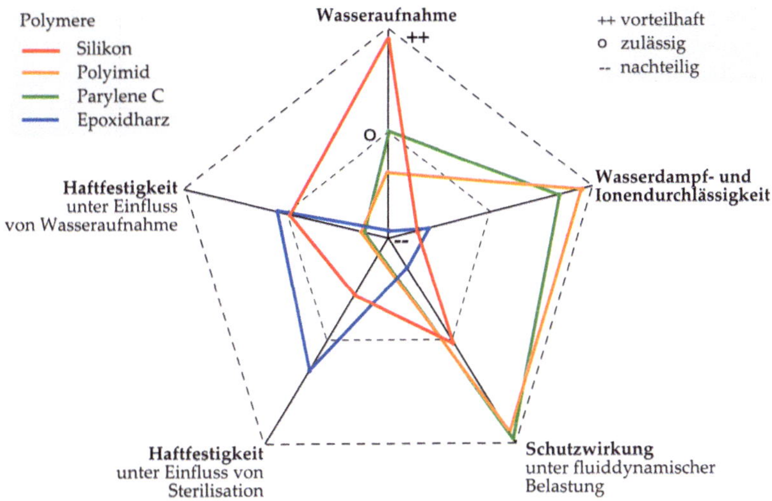

Abbildung 6.1: Qualitative Bewertung der Materialien anhand des Barriereverhaltens (Wasseraufnahme, Wasserdampf- und Ionendurchlässigkeit), Haftfestigkeit unter dem Einfluss von Wasseraufnahme und Sterilisation sowie der Schutzwirkung unter fluiddynamischer Belastung

Die Ergebnisse zur Wasserdampf- und Ionendurchlässigkeit wurden in dieser Überblicksdarstellung zusammengeführt, während die Beurteilung der Haftfestigkeit anhand der Wasseraufnahme der Polymere und des Einflusses von Sterilisationsverfahren erfolgte. Auffällig ist, dass die Polymere, die eine geringe Wasserdampf- und Ionendurchlässigkeit aufwiesen (Polyimid und Parylene C), unter den simulierten Bedingungen die bessere Schutzwirkung besaßen. Im Vergleich dazu hatte Epoxidharz bei fluiddynamischer Belastung trotz seiner guten Haftfestigkeitswerte keine effektive Schutzwirkung.
Unter dem Gesichtspunkt der Anwendung ist das Barriereverhalten der Polymere wesentlich höher zu bewerten, als deren Haftfestigkeit auf einer Unterlage.
Die beschriebenen Untersuchungen haben gezeigt, dass die Silikonmaterialien differenzierte Nutzungsmerkmale besitzen. In Bezug auf das Barriereverhalten erwiesen sich MED-6215 und MED6-6606 als günstig. Das einkomponentige MED6-6606 kommt aufgrund des hohen Lösungsmittelanteils jedoch nur für eine Schichtdicke von wenigen Mikrometern infrage. Bewertet man die Haftfestigkeit verschiedener Materialverbindungen, wäre das Sylgard-184 dem MED-6215 vorzuziehen (mit Ausnahme des Materialverbundes Silikon auf Silizium).

Die Ergebnisse in ihrer Gesamtheit erlauben eine Bewertung der untersuchten Polymere für ihren Einsatz als nicht-hermetische Einhausung und belegen die Notwendigkeit von mehrschichtigen Aufbauten, wenn Implantationsdauern von mehreren Jahren gefordert

sind. Dabei sollten Materialien bevorzugt werden, die ein sehr gutes Barriereverhalten und eine ausreichende Haftfestigkeit innerhalb des Materialverbundes aufweisen. Zukünftig sind deshalb auch anorganische Schichten für die Einhausung zu berücksichtigen, die sowohl als zusätzliche Barriereschicht als auch als Haftvermittler dienen.
In aktuellen Arbeiten anderer Forschungsgruppen wird die Verwendbarkeit einer hermetischen Einhausung auf BE-Ebene diskutiert [98]. Dies ist neben der Einhausung ein weiterer Baustein hinsichtlich langer Lebensdauern für flexible, implantierbare Mikrosysteme.
Anhand des vereinfachten Aufbaus eines flexiblen mikroelektronischen Implantates, wie beispielsweise des flexiblen Drucksensormoduls für einen Stentgraft gemäß Abbildung 6.2, lässt sich die Verwendung der einzelnen Polymere auch unter Berücksichtigung ihrer Verarbeitbarkeit darlegen (siehe Tabelle 6.1).

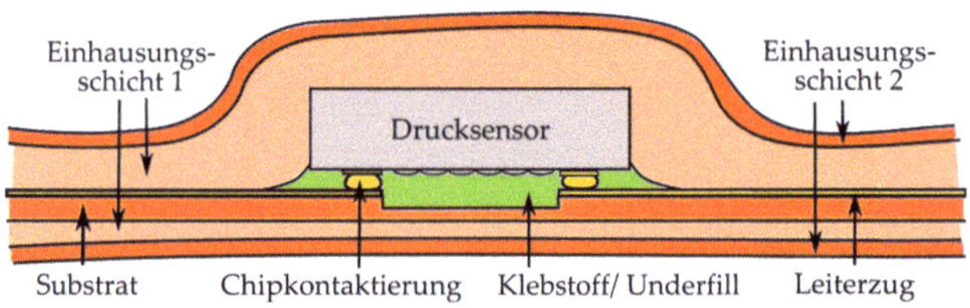

Abbildung 6.2: Aufbau eines flexiblen mikroelektronischen Implantates am Beispiel eines flexiblen Drucksensormoduls

Deutlich ist in Abbildung 6.2 eine zweite Einhausungsschicht zu erkennen, die andere, d. h. ergänzende Barriereeigenschaften besitzt als die Einhausungsschicht eins. Hinzu kommen noch weitere Polymerwerkstoffe des elektrischen Systemaufbaus.

Tabelle 6.1: Empfehlung zur Verwendbarkeit der einzelnen Materialien zum Aufbau eines flexiblen mikroelektronischen Implantates am Beispiel des flexiblen Drucksensormoduls (siehe Abbildung 6.2)
++ sehr gut geeignet, ○ verwendbar, - - nicht geeignet

Polymer	Substratmaterial	Klebstoff / Underfill	Einhausung-Schicht 1	Einhausung-Schicht 2
Silikon	○	○	++	○
Polyimid	++	- -	○	- -
Parylene C	○	- -	++	++
Epoxidharz	- -	++	○	- -

Polyimid ist aufgrund seiner sehr guten Prozessierbarkeit und mechanischen Stabilität als Substratmaterial sehr gut geeignet. Als Schaltungsträger sind Silikone und Parylene C nicht zu empfehlen, da ihre Verarbeitung schwierig und die mechanische Stabilität ungenügend sind.

Epoxidharze besitzen im Vergleich zu den anderen Polymeren die höchste Haftfestigkeit innerhalb verschiedener Materialverbindungen, weshalb sie besonders als Klebstoff infrage kommen.
Als erste Einhausungsschicht können alle in der Arbeit genannten Materialien verwendet werden. Vor allem Silikone sind wegen ihrer chemischen und mechanischen Eigenschaften für eine sehr gute Anpassung des Implantates an das Empfängergewebe geeignet. Die hohen Aushärtetemperaturen sowie die Verarbeitung im Spin-Coating-Prozess beschränken die Verwendbarkeit von Polyimid für viele Aufbauten als erste und zweite Einhausungsschicht.
Parylene C hingegen ist infolge der Abscheidung aus der Gasphase sehr gut als Barrierewerkstoff geeignet, vordergründig wegen seines bioinerten Verhaltens als Grenzschicht zur biologischen Umgebung und kann sogar zum Beispiel als zweite Einhausungsschicht auf Silikon aufgebracht werden.

Im Rahmen der vorklinischen Prüfung sind im Folgenden *in-vitro* Untersuchungen anzustreben. Mittels Zellkulturuntersuchungen gemäß DIN EN ISO 10993-5:2009-10 *Biologische Beurteilung von Medizinprodukten - Teil 5: Prüfungen auf In-vitro-Zytotoxizität* lassen sich die komplexen Wechselwirkungen zwischen dem biologischen und dem technischen System sehr realitätsnah abbilden [62, 118].

Innovative Implantate wie das flexible Drucksensormodul für den Stentgraft gehören zu den technologisch und regulatorisch anspruchvollsten Medizinprodukten. Daraus begründet sich ein bedeutender Forschungs- und Translationsbedarf, um deren therapeutisches Potential zukünftig auszuschöpfen [20].
Aus dem VDE-Expertenbericht der Deutsche Gesellschaft für Biomedizinische Technik lassen sich Innovationshürden für die Entwicklung neuer aktiver Implantate herauslesen [20]. Zum einen sind die meisten zugelassenen aktiven Implantate technologisch vom Herzschrittmacher abgeleitet, beruhen also auf eine hermetische Einhausung mit begrenzter Miniaturisierbarkeit. Zum anderen beträgt die Entwicklungsdauer bis zur Zulassung für solche anspruchsvollen Medizinprodukte typischerweise zwölf Jahre und erfordert eine qualitätsgesicherte, umfangreiche Dokumentation von Anfang an. Dennoch handelt es sich um einen zukunftsträchtigen Markt, der nicht nur aufgrund des demografischen Wandels für unsere Gesellschaft eine zunehmende Bedeutung aufweist.
In dieser Arbeit wurden verschiedene Materialien und Technologien für aktive mikroelektronische Implantate vorgestellt, die eine Miniaturisierung desselben erlauben und den Entwicklungsprozess neuer Implantate durch eine gezielte Materialempfehlung erleichtert. Für die erfolgreiche Entwicklung innovativer mikroelektronischer Implantate ist eine enge, frühzeitige Zusammenarbeit von Technik und Medizin erforderlich. Vor diesem Hintergrund sind allgemeingültige Regularien zur qualitätsgesicherten Dokumentation bereits im Bereich der Forschung notwendig.

Literaturverzeichnis

Monografien

[1] J. M. Anderson, A. G. Gristina, S. R. Hanson, L. A. Harker, R. J. Johnson, K. Merritt, P. T. Naylor und F. J. Schoen. *Biomaterials Science - An Introduction to Materials in Medicine*. Hrsg. von B. D. Ratner, A. S. Hoffmann, F. J. Schoen und J. E. Lemons. Academic Press, 1996, S. 165–173.

[2] S. D. Anderson. *Examining the Effect of Sterilization on Bulk Adhesive Properties*. `http://na.henkel-adhesives.com/us/content_data/Sterilization_Effects_on_Medical_Adhesives653855.pdf`. aufgerufen am 08.05.2017. 2010.

[3] ANSYCO analytische Systeme und Componenten GmbH. *Theorie der FT-IR Spektroskopie*. `www.ansyco.de`.

[4] H. Ardebili und M. Pecht. *Encapsulation Technologies for Electronic Applications*. Materials and Processes for Electronic Applications. Elsevier Science, 2009, S. 203–208.

[5] P. W. Atkins und J. de Paula. *Physikalische Chemie*. Hrsg. von J. W. bibinitperiod Sons. 5. Atkins, Peter W. und de Paula, Julio, 2013, S. 467–507.

[6] H. Beese. „Permeationsmesssysteme für Wasserdampf auf Basis der Diodenlaser-Absorptionsspektroskopie". Fraunhofer Verlag. TU Dresden, 2014.

[7] J. Behrends, J. Bischofberger und R. Deutzmann. *Duale Reihe Physiologie*. Thieme Verlag, 2012.

[8] C. Bellmann. „Ermittlung der Barriereeigenschaften von polymeren Einsatzhausungsmaterialien der Aufbau- und Verbindungstechnik zum Schutz von Baugruppen in biologischer Anwendung". Diplomarbeit. TU Dresden, 2010.

[9] H. Berg. „Charakterisierung leitfähiger und druckbarer Materialien für den Einsatz in flexiblen mikroelektronischen Implantaten". Diplomarbeit. Technische Universität, 2016.

[10] H. Berg. „Untersuchung der Haftfestigkeit von biokompatiblen Polymeren unter Berücksichtigung von Stresseinwirkung". Studienarbeit. Technische Universität Dresden, 2015.

[11] N. Beshchasna. „Bestimmung der hydrolytischen Biostabilität von Materialien der Aufbau- und Verbindungstechnik der Elektronik". Diss. Technische Universität Dresden, 2010.

[12] W. Betz. „Flexible mikroelektromechanische Implantate für den chronischen Einsatz : Verkapselungskonzepte und Testverfahren für die Materialcharakterisierung". Diss. Universität Duisburg-Essen, 2011.

[13] L. W. Bruch, W. C. Milton und E. Zaremba. *Physical Adsorption: Forces and Phenomena*. Hrsg. von D. edition. 2007.

[14] Bundesministerium für Gesundheit. *Marktzugangsvoraussetzungen für Medizinprodukte - Zuständigkeiten in Deutschland*. 2010.

[15] COMPET MEDICAL GmbH. *Ethylenoxid*. http://commed-ag.com/lexikon/50301696710a52269.html. abgerufen am 16.06.2015.

[16] S. Cotugno, G. Mensitieri, P. Musto und L. Nicolais. *Water sorption and transport in polymers*. www.caimateriali.org/?id=33. 2010.

[17] D. Crowe und A. Feinberg. *Design for Reliability*. CRC Press, 2001.

[18] R. d'Agostino, P. Favia, C. Oehr und M. R. Wertheimer. *Plasma Processes and Polymers*. Hrsg. von R. d'Agostino, P. Favia, C. Oehr und M. R. Wertheimer. Wiley-VCH Verlag, 2003, S. 212–221.

[19] DataPhysics Instruments GmbH. *Beschreibung der analytischen Methode zur Charakterisierung der Oberflächenenergie und Polarität von flüssigen und festen Haftklebstoffen.*

[20] Deutsche Gesellschaft für Biomedizinische Technik, VDE Verband der Elektrotechnik Elektronik Informationstechnik e.V. *VDE-Expertenbericht*. 2015.

[21] H. D. Dörfler. *Grenzflächen- und Kolloidchemie*. VCH Verlagsgesellschaft, 1994, S. 13–42.

[22] Erwin Telle GmbH. *Technische Kompetenz für die Medizin, Pharmazeutik und Lebensmitteltechnik*. www.telle.de/fileadmin/pdf/05_10_Technische_Kompetenz.pdf. Jan. 2010.

[23] H. Greenhouse, R. Lowry und B. Romenesko. *Hermeticity of electronic packages*. Elsevier, 2012.

[24] J. Großmann. „Einfluß von Plasmabehandlungen auf die Haftfestigkeit vakuumtechnisch hergestellter Polymer-Metall-Verbunde". Diss. Universität Erlangen - Nürnberg, 2009.

[25] G. Habenicht. *Kleben: Grundlagen, Technologien, Anwendungen*. 6. Aufl. Springer-Verlag Berlin Heidelberg, 2009.

[26] S. Haunschild. „Die Bewertung der Hydrophilie niedrig visköser Elastomere unter Berücksichtigung unterschiedlicher Aushärtebedingungen und Tensidkonzentrationen". Diss. Justus-Liebig-Universität Gießen, 2010.

[27] HD MicroSystems. *PI-2600 Series – Low Stress Applications*. www.dupont.com/PI-2600_ProcessGuide.pdf. aufgerufen am 28.02.2017. 2009.

[28] Herotron E-Beam Service GmbH. *E-Beam Sterilisation von Medizinprodukten*. www.medica.de. abgerufen am 27.05.2017.

[29] S. Kirsten. „Biokompatible Einhausung eines RFID-Systems in einer Hüftendoprothesenkugel". Diplomarbeit. Technische Universität Dresden, 2011.

[30] H. Klopfer. *Wassertransport durch Diffusion in Feststoffen*. Bauverlag GmbH, 1974.

[31] H. Knipe und D. D'Souza. *Endovascular aneurysm repair*. `http://radiopaedia.org/articles/endovascular-aneurysm-repair`. downloaded 09/2013.

[32] S. B. Lachhman. „Roller-Cast Poly-Dimethylsiloxane as a Non-Hermetic Encapsulant for MEMS Packaging". Diss. Case Western Reserve University: Case Western Reserve University, 2011.

[33] J. J. Licari. *Coating Materials for Electronic Applications: Polymers, Processes, Reliability, Testing*. Hrsg. von W. A. Publishing. 2003.

[34] P. Lutz, M. Fischer und R. Jenisch. *Lehrbuch der Bauphysik: Schall - Wärme - Feuchte - Licht - Brand - Klima*. Springer Fachmedien Wiesbaden, 2013, S. 196–200.

[35] S. Mogharebi. „Ermittlung struktureller und funktioneller Eigenschaften von Formgedächtnispolymeren unter besonderer Berücksichtigung des Spritzgießprozesses". Diss. Ruhr-Universität Bochum, 2014.

[36] N. Möhring. „Wasserdampfdurchlässigkeit von Komposit-Hohlisolatoren". Diss. Technische Universität Darmstadt, 2010.

[37] T. Mundry. „Einbrennsilikonisierung bei pharmazeutischen Glaspackmitteln - Analytische Studien eines Produktionsprozesses". Diss. Humboldt-Universität Berlin, 2000.

[38] Österreichische Gesellschaft für Antimikrobielle Chemotherapie. *Sterilisation*. `www.infektionsnetz.at/TextExtSterilisation.phtml`. abgerufen am 16.06.2015.

[39] E. C. Pegg, S. J. Mellon und H. S. Gill. *Bone-Implant Interface in Orthopedic Surgery*. Springer-Verlag London, 2014, S. 13–26.

[40] Professur für Makromolekulare Chemie. *Oberflächencharakterisierung von Polymersystemen*. `http://tu-dresden.de/die_tu_dresden/fakultaeten/fakultaet_mathematik_und_naturwissenschaften/fachrichtung_chemie/mc/lehre/praktika/downloads/wp3/v7`. 2014.

[41] C. Ruef, S. Harbarth, A. Henry und D. Pittet. *Sterilisation mit Ethylenoxid: Anwendungen und Grenzen*. `www.sohf.ch/Themes/Sterilisation/vol4nu1d.pdf`. abgerufen am 16.06.2015. 1997.

[42] M. Schlütter und T. Stieglitz. *Implantable Sensor Systems for Medical Applications: Microassembly and Micropackaging of Implantable Systems*. Hrsg. von A. Inmann und D. Hodgins. Elsevier - Technology und Engineering, 2013, S. 108–114.

[43] M. Schubert. „Aufbau eines Messplatzes zur Untersuchung der Schutzfunktion biokompatibler Einhausungsmaterialien mittels fluidischer Belastung". Studienarbeit. Technische Universität Dresden, 2012.

[44] M. Schubert. „Untersuchung der Langzeitstabilität eines flexiblen Sensormoduls zur Drucküberwachung am Stentgraft". Diplomarbeit. Technische Universtität Dresden, 2014.

[45] M. Schubert und L. Lorenz. „Entwurf und Konstruktion einer Strömungskammer zur fluidischen Belastungsmessung". Beleg Projekt Feinwerktechnik. Technische Universtität Dresden, 2012.

[46] K. Schulz. „Untersuchung der Haftfestigkeit von biokompatiblen Polymeren auf Probekörpern unter Einfluss verschiedener Stressparameter". Studienarbeit. Technische Universität Dresden, 2012.

[47] SEMPA SYSTEMS GmbH and Fraunhofer Institut für Werkstoff- und Strahltechnik. *HiBarSens: Ultra-high barrier properties are finally measurable.* `www.sempa.de/pdf/products/tech_HiBarSens.pdf`. Newsletter. 2012.

[48] Specialty Coating Systems. *SCS Parylene Properties.* 2007.

[49] D. Sun. „Characterization of medical grade poly-dimethylsiloxane as encapuslation materials for implasystems microelectromechanical systems". Masterarbeit. Case Western Reserve University, 2014.

[50] R. Ullmann. „Oberflächenfunktionalisierung von Poly(dimethyl)siloxan". Diss. Technische Universität Chemnitz, 2012.

[51] Universität Marburg. *Grenzflächenchemie: Bestimmung der polaren und dispersen Anteile der Oberflächenspannung von Festkörpern mittels Kontaktwinkelmessungen.*

[52] J. M. Wasikiewicz, N. Roohpour und P. Vadgama. *Implantable Sensor Systems for Medical Applications: Packaging and coating materials for implantable devices.* Hrsg. von A. Inmann und D. Hodgins. Elsevier - Technology & Engineering, 2013, 68–107 (98).

[53] J. Wetterling. „Untersuchung des Barriereverhaltens von polymeren Mehrschichtsystemen". Diplomarbeit. Technische Universität Dresden, 2012.

[54] E. Wintermantel und S.-W. Ha. *Biokompatible Werkstoffe und Bauweisen.* Springer, 1996.

[55] E. Wintermantel und S.-W. Ha. *Medizintechnik.* Springer, 2009.

[56] G. E. Zaikov, A. L. Iordanskii und V. S. Markin. *Diffusion of Electrolytes in Polymers.* Hrsg. von G. E. Zaikov, A. L. Iordanskii und V. S. Markin. VSP BV, 1988, S. 197–222.

[57] D. Zhou und E. Greenbaum, Hrsg. *Implantable Neural Prostheses 2 - Techniques and Engineering Approaches.* Springer New York, 2010.

Fachartikel

[58] M. Allen. „Micromachined endovascularly-implantable wireless aneurysm pressure sensors: from concept to clinic". In: *Solid-State Sensors, Actuators and Microsystems, 2005. Digest of Technical Papers. TRANSDUCERS '05. The 13th International Conference on.* Bd. 1. 2005, 275–278 Vol. 1.

[59] J. M. Anderson, A. Rodriguez und D. T. Chang. „Foreign body reaction to biomaterials". In: *Seminars in Immunology* 20.2 (2008), S. 86–100.

[60] J. M. Anderson und Q. H. Zhao. „Biostability of Biomedical Polymers“. In: *MRS Bulletin* 16 (09 Sep. 1991), S. 75–77.

[61] H. Ardebili, E. Wong und M. Pecht. „Hygroscopic swelling and sorption characteristics of epoxy molding compounds used in electronic packaging“. In: *IEEE Components, Packaging & Manufacturing Technology Society* 26.1 (2003), S. 302–306.

[62] M. O. de Beeck, K. Qian, K. Malachowski, B. Morcos, A. Radisic und C. V. Hoof. „Biostability and corrosion resistance of a biocompatible encapsulation and interconnect technology for implantable electronics“. In: *IMAPS Workshop*. 2012.

[63] M. de Beeck, A. Jarboui, M. Cauwe, H. Declercq, G. Uytterhoeven, M. Cornelissen, J. Vanfleteren und C. Van Hoof. „Improved chip and component encapsulation by dedicated diffusion barriers to reduce corrosion sensitivity in biological and humid environments“. In: *Microelectronics Packaging Conference (EMPC) , 2013 European*. Sep. 2013, S. 1–6.

[64] N. Beshchasna, J. Uhlemann und K. .-.-J. Wolter. „Researching of biochemical degradation of electronic materials in fluid electrolytic mediums“. In: *29th International Spring Seminar on Electronics Technology*. Mai 2006, S. 149–155.

[65] S. Bhattacharya, A. Datta, J. Berg und S. Gangopadhyay. „Studies on surface wettability of poly(dimethyl) siloxane (PDMS) and glass under oxygen-plasma treatment and correlation with bond strength“. In: *Microelectromechanical Systems, Journal of* 14.3 (Juni 2005), S. 590–597.

[66] F. Boeser, B. Lang, T. Stieglitz und D. Plachta. „Epoxy casting used as nonhermetic encapsulation technique for implantable electronic devices“. In: *38th Annual International Conference of the IEEE Engineering in Medicine and Biology Society*. Aug. 2016, S. 1938–1941.

[67] L. Bowman und J. Meindl. „The Packaging of Implantable Integrated Sensors“. In: *Biomedical Engineering, IEEE Transactions on* BME-33.2 (Feb. 1986), S. 248–255.

[68] V. Bucher und W. Nisch. „Beschichtungen für Life Science“. In: *Vakuum in Forschung und Praxis* 22.1 (2010), S. 14–21.

[69] F. Burny u. a. „Concept, design and fabrication of smart orthopedic implants“. In: *Medical Engineering and Physics* 22.7 (2000), S. 469–479.

[70] C.-W. Chang, Y.-K. Lo, P. Gad, R. Edgerton und W. Liu. „Design and fabrication of a multi-electrode array for spinal cord epidural stimulation“. In: *Engineering in Medicine and Biology Society (EMBC), 2014 36th Annual International Conference of the IEEE*. Aug. 2014, S. 6834–6837.

[71] P.-J. Chen, D. Rodger, S. Saati, M. Humayun und Y.-C. Tai. „Microfabricated Implantable Parylene-Based Wireless Passive Intraocular Pressure Sensors“. In: *Journal of Microelectromechanical Systems* 17.6 (Dez. 2008), S. 1342–1351.

[72] N. Chou, S. Yoo und S. Kim. „Largely deformable surface electrode based on PDMS for cortical recording and stimulation“. In: *Neural Engineering (NER), 2011 5th International IEEE/EMBS Conference on*. 2011, S. 306–309.

[73] S. F. Cogan, J. Ehrlich, T. D. Plante, M. D. Gingerich und D. B. Shire. „Contribution of Oxygen Reduction to Charge Injection on Platinum and Sputtered Iridium Oxide Neural Stimulation Electrodes“. In: *IEEE Transactions on Biomedical Engineering* 57.9 (Sep. 2010), S. 2313–2321.

[74] S. F. Cogan, D. J. Edell, A. A. Guzelian, Y. Ping Liu und R. Edell. „Plasma-enhanced chemical vapor deposited silicon carbide as an implantable dielectric coating“. In: *Journal of Biomedical Materials Research Part A* 67A.3 (2003), S. 856–867.

[75] P. E. Donaldson. „Aspects of silicone rubber as an encapsulant for neurological prostheses. Part 1. Osmosis.“ In: *Medical & Biological Engineering & Computing* 0140-0118 (Linking) (1991), S. 34–39.

[76] P. Donaldson. „The Encapsulation of Microelectronic Devices for Long-Term Surgical Implantation“. In: *Biomedical Engineering, IEEE Transactions on* 23.4 (1976), S. 281–285.

[77] H. Eckhardt, J. J. Cuomo, C. R. Guarnieri, V. Sakhrani, H. T. Nagle und S. Ufer. „Insulating Barrier Coatings for Flexible Ribbon Cables and Microelectrodes Suitable for Implantable Devices“. In: *Advancing Microelectronics* 29.6 (2002), S. 10–12.

[78] E. Engelien, N. Beshchasna, M. Braunschweig, J. Uhlemann und K. .-.-J. Wolter. „Property evaluations of polymers used as housing material for passivation of electronic devices“. In: *Electronics System-Integration Technology Conference, 2008. ESTC 2008. 2nd.* Sep. 2008, S. 259–264.

[79] L. A. Escobar und W. Q. Meeker. „A Review of Accelerated Test Models“. In: *Statistical Science* 21.4 (2006), S. 552–577.

[80] R. J. Good. „Contact angle, wetting, and adhesion: a critical review“. In: *Journal of Adhesion Science and Technology* 6.12 (1992), S. 1269–1302.

[81] F. Graichen, R. Arnold, A. Rohlmann und G. Bergmann. „Implantable 9-Channel Telemetry System for In Vivo Load Measurements With Orthopedic Implants“. In: *Biomedical Engineering, IEEE Transactions on* 54.2 (Feb. 2007), S. 253–261.

[82] F. Gubbels. „Silicones in the Electronics Industries“. In: *Inorganic Polymers* (2007).

[83] L. Guo und S. DeWeerth. „PDMS-based conformable microelectrode arrays with selectable novel 3-D microelectrode geometries for surface stimulation and recording“. In: *Engineering in Medicine and Biology Society, 2009. EMBC 2009. Annual International Conference of the IEEE.* 2009, S. 1623–1626.

[84] D. J. Ham und J. S. Lee. „Transition Metal Carbides and Nitrides as Electrode Materials for Low Temperature Fuel Cells“. In: *Energies* 2.4 (2009), S. 873–899.

[85] G. Harsanyi. „Irregular effect of chloride impurities on migration failure reliability: Contradictions or understandable?“ In: *Microelectronics and Reliability* 39.9 (Sep. 1999), S. 1407–1411.

[86] C. Hassler, T. Boretius und T. Stieglitz. „Polymers for neural implants“. In: *Journal of Polymer Science Part B: Polymer Physics* 49.1 (2011), S. 18–33.

[87] C. Hassler, R. P. von Metzen, P. Ruther und T. Stieglitz. „Characterization of parylene C as an encapsulation material for implanted neural prostheses“. In: *Journal of Biomedical Materials Research Part B: Applied Biomaterials* 93B.1 (2010), S. 266–274.

[88] J.-M. Hsu, P. Tathireddy, R. A. Normann und F. Solzbacher. „Characterization of a-SiCx:H thin films as an encapsulation material for integrated silicon based neural interface devices“. In: *Thin Solid Films* 516.1 (2007), S. 34–41.

[89] J.-M. Hsu, L. Rieth, R. Normann, P. Tathireddy und F. Solzbacher. „Encapsulation of an Integrated Neural Interface Device With Parylene C“. In: *Biomedical Engineering, IEEE Transactions on* 56.1 (2009), S. 23–29.

[90] A. K. Hulterström, A. Berglund und I. E. Ruyter. „Wettability, water sorption and water solubility of seven silicone elastomers used for maxillofacial prostheses“. English. In: *Journal of Materials Science: Materials in Medicine* 19.1 (2008), S. 225–231.

[91] J. Jeong, S. H. Bae, K. S. Min, J. M. Seo, H. Chung und S. J. Kim. „A Miniaturized, Eye-Conformable, and Long-Term Reliable Retinal Prosthesis Using Monolithic Fabrication of Liquid Crystal Polymer (LCP)“. In: *IEEE Transactions on Biomedical Engineering* 62.3 (März 2015), S. 982–989.

[92] S. Kirsten, M. Schubert, M. Braunschweig, G. Woldt, T. Voitsekhivska und K.-J. Wolter. „Biocompatible Packaging for Implantable Miniaturized Pressure Sensor Device used for Stent Grafts: Concept and Choice of Materials“. In: *16th Electronics Packaging Technology Conference (EPTC 2014)* (2014).

[93] S. Kirsten, M. Schubert, J. Uhlemann und K.-J. Wolter. „Fluid Dynamic Load of Polymers Used as Encapsulation Material for Implantable Microsystems“. In: *Biomedical Engineering / Biomedizinische Technik*. Bd. 58. 2013.

[94] M. Kitano, A. Nishimura, S. Kawai und K. Nishi. „Analysis of package cracking during reflow soldering process“. In: *International Reliability Physics Symposium*. 1988, S. 90–95.

[95] K. Kümmerle. „Selektive Permeation durch nicht-poröse Membranen. Teil 1: Transport-Mechanismus bei der Permeation“. In: *Chemie Ingenieur Technik* 36.7 (1964), S. 736–740.

[96] S. Lachhman, C. Zorman und W. Ko. „Multi-layered poly-dimethylsiloxane as a non-hermetic packaging material for medical MEMS“. In: *Engineering in Medicine and Biology Society (EMBC), 2012 Annual International Conference of the IEEE*. Aug. 2012, S. 1655–1658.

[97] S. P. Lacour, S. Benmerah, E. Tarte, J. FitzGerald, J. Serra, S. McMahon, J. Fawcett, O. Graudejus, Z. Yu und B. Morrison. „Flexible and stretchable micro-electrodes for in vitro and in vivo neural interfaces“. English. In: *Medical and Biological Engineering and Computing* 48.10 (2010), S. 945–954.

[98] M. Langenmair, L. Rudmann, J. Ordonez und T. Stieglitz. „Development of a desiccant based dielectric for monitoring humidity conditions in miniaturized hermetic implantable packages". In: *Current Directions in Biomedical Engineering* 2.1 (2016), S. 537–541.

[99] H.-C. Langowski. „Stofftransport durch polymere und anorganische Schichten. Transport of Substances Through Polymeric and Inorganic Layers". In: *Vakuum in Forschung und Praxis* 17.1 (2005), S. 6–13.

[100] W. Li, D. Rodger, P. Menon und Y.-C. Tai. „Corrosion Behavior of Parylene-Metal-Parylene Thin Films in Saline". In: *ECS Transactions* 11.18 (2008), S. 1–6.

[101] W. Li, D. Rodger, E. Meng, J. Weiland, M. Humayun und Y.-C. Tai. „Flexible Parylene Packaged Intraocular Coil for Retinal Prostheses". In: *Microtechnologies in Medicine and Biology, 2006 International Conference on*. Mai 2006, S. 105–108.

[102] J. Martin. „Understanding Gamma Sterilization". In: *BioPharm International* 25 (2012), S. 1–2.

[103] A. de Mel, B. G. Cousins und A. M. Seifalian. „Surface Modification of Biomaterials: A Quest for Blood Compatibility". In: *International Journal of Biomaterials* 2012 (2012). Article ID 707863, S. 8.

[104] O. Miesbauer, M. Schmidt und H.-C. Langowski. „Stofftransport durch Schichtsysteme aus Polymeren und dünnen anorganischen Schichten". In: *Vakuum in Forschung und Praxis* 20.6 (2008), S. 32–40.

[105] R. Milner, J. P. Ruurda und J. D. Blankensteijn. „Durability and Validity of a Remote, Miniaturized Pressure Sensor in an Animal Model of Abdominal Aortic Aneurysm". In: *Journal of Endovascular Therapy* 11.4 (Aug. 2004), S. 372–377.

[106] W. Mokwa. „Artificial Retinas". In: *Elsevier* (2008), S. 201–217.

[107] S. Murray, C. Hillman und M. Pecht. „Environmental Aging and Deadhesion of Polyimide Dielectric Films". In: *Journal of Electronic Packaging* 126.3 (Okt. 2004), S. 390–397.

[108] K. Najafi. „Micropackaging Technologies for Integrated Microsystems: Applications to MEMS and MOEMS". In: *Micromachining and Microfabrication Process Technology*. Bd. 4979. 2003, S. 1–19.

[109] T. Nakamura, Y. Inoue, D. Kim, N. Matsuhisa, T. Yokota, T. Sekitani, T. Someya und M. Sekino. „Basic Characteristics of Implantable Flexible Pressure Sensor for Wireless Readout Using MRI". In: *Conference Proceeding IEEE Engineering in Medicine and Biology Society*. 2014, S. 2338–2341.

[110] S. Nikles, D. Pellinen, J. Kitagawa, R. Bradley, D. Kipke und K. Najafi. „Long term in vitro monitoring of polyimide microprobe electrical properties". In: *Engineering in Medicine and Biology Society, 2003. Proceedings of the 25th Annual International Conference of the IEEE*. Bd. 4. Sep. 2003, 3340–3343 Vol.4.

[111] E. Oguzie, A. Onuchukwu und U. Ekpe. „Ionic permeability of polymeric membranes: part 1 - steady state transport of binary electrolytes through polyethylene films“. English. In: *Journal of Applied Electrochemistry* 37.9 (2007), S. 1047–1053.

[112] J. Ordonez, M. Schuettler, C. Boehler, T. Boretius und T. Stieglitz. „Thin films and microelectrode arrays for neuroprosthetics“. In: *MRS Bulletin* 37 (06 Juni 2012), S. 590–598.

[113] J. S. Osenbach und J. L. Zell. „Corrosion of thin film aluminum metallization: conformal coating materials“. In: *IEEE Transactions on Components, Hybrids, and Manufacturing Technology* 16.3 (Mai 1993), S. 350–359.

[114] J. W. Osenbach. „Water-Induced Corrosion of Materials Used for Semiconductor Passivation“. In: *Journal of the Electrochemical Society* 140 (1993), S. 3667–3675.

[115] J. W. Osenbach. „Corrosion-induced degradation of microelectronic devices“. In: *Semiconductor Science and Technology* 11.2 (1996), S. 155.

[116] E. Patrick, V. Sankar, W. Rowe, J. Sanchez und T. Nishida. „Design of an implantable intracortical microelectrode system for brain-machine interfaces“. In: *Neural Engineering, 2009. NER '09. 4th International IEEE/EMBS Conference on*. Apr. 2009, S. 379–382.

[117] K. Prystaz, C. Ulmer, K. H. Somerlik-Fuchs und T. B. Krueger. „Establishment of an in Vitro Model for Stress Testing of Vagal Nerve Cuff Electrodes“. In: *Biomedical Engineering / Biomedizinische Technik*. Bd. 58. 2013.

[118] K. Qian, M. de Beeck, G. Bryce, K. Malachowski und C. Van Hoof. „Novel miniaturized packaging for implantable electronic devices“. In: *IEEE International Interconnect Technology Conference (IITC)* (Juni 2012), S. 1–3.

[119] J. Riistama u. a. „Wireless and inductively powered implant for measuring electrocardiogram“. English. In: *Medical & Biological Engineering & Computing* 45.12 (2007), S. 1163–1174.

[120] D. C. Rodger u. a. „Flexible parylene-based multielectrode array technology for high-density neural stimulation and recording“. In: *Sensors and Actuators B: Chemical* 132.2 (2008). Transducers '07/Eurosensors {XXI} The 14th International Conference on Solid-State Sensors, Actuators and Microsystems and the 21st European Conference on Solid-State Transducers, S. 449–460.

[121] D. Rodger und Y.-C. Tai. „Microelectronic packaging for retinal prostheses“. In: *Engineering in Medicine and Biology Magazine, IEEE* 24.5 (Sep. 2005), S. 52–57.

[122] B. Rubehn und T. Stieglitz. „In vitro evaluation of the long-term stability of polyimide as a material for neural implants“. In: *Biomaterials* 31.13 (2010), S. 3449–3458.

[123] S. Sauer, S. Kirsten, F. Storck, H. Grätz, U. Marschner, D. Ruwisch und W.-J. Fischer. „A Medical Wireless Measurement System for Hip Prosthesis Loosening Detection Based on Vibration Analysis“. In: *Sensors & Transducers Journal* 18 (2013), S. 134–144.

[124] J. M. Schakenraad, H. J. Busscher, C. R. H. Wildevuur und J. Arends. „The influence of substratum surface free energy on growth and spreading of human fibroblasts in the presence and absence of serum proteins". In: *Journal of Biomedical Materials Research* 20.6 (1986), S. 773–784.

[125] T. Schanze, L. Hesse, C. Lau, N. Greve, W. Haberer, S. Kammer, T. Doerge, A. Rentzos und T. Stieglitz. „An Optically Powered Single-Channel Stimulation Implant as Test System for Chronic Biocompatibility and Biostability of Miniaturized Retinal Vision Prostheses". In: *Biomedical Engineering, IEEE Transactions on* 54.6 (Juni 2007), S. 983–992.

[126] R. K. Schenk. „Bone response to grafts and implants". In: *Perspectives on biomaterials, Materials science monographs* 33 (1986), S. 121–136.

[127] M. Schuettler, C. Henle, J. Ordonez, G. Suaning, N. Lovell und T. Stieglitz. „Patterning of Silicone Rubber for Micro-Electrode Array Fabrication". In: *Neural Engineering*. Mai 2007, S. 53–56.

[128] H. Schweigart. „Elektrochemische Migration als Ursache von Feldausfällen (Teil I)". In: *Productronic*, `http://www.all-electronics.de/entstehung-und-vermeidung-von-feldausfaellen/` (2016). aufgerufen am 3.3.2017.

[129] R. Seidling, L. J. Lehmann, M. Lingner, E. Mauermann, U. Obertacke und M. L. R. Schwarz. „Analysis of the osseointegrative force of a hyperhydrophilic and nanostructured surface refinement for TPS surfaces in a gap healing model with the Göttingen minipig". In: *Journal of Orthopaedic Surgery and Research* 11 (Aug. 2016), S. 119–124.

[130] F. Springer, R. W. Guenther und T. Schmitz-Rode. „Aneurysm Sac Pressure Measurement with Minimally Invasive Implantable Pressure Sensors: An Alternative to Current Surveillance Regimes after EVAR?" English. In: *Cardio Vascular and Interventional Radiology* 31.3 (2008), S. 460–467.

[131] T. Stieglitz. „Biomedical microimplants for sensory and motor neuroprostheses". In: *Circuits and Systems, 2006. ISCAS 2006. Proceedings. 2006 IEEE International Symposium on*. 2006, S. 2189–2192.

[132] T. Stieglitz. „Methods to Determine the Stability of Polymer Encapsulations". In: *10th Annual Conference of the International FES Society*. 2005.

[133] T. Stieglitz, J. Uhlemann, K. Koch und E. Meusel. „Ansätze zu einer biokompatiblen Aufbau- und Verbindungstechnik für biomedizinische Mikrosysteme". In: *Biomedizinische Technik/Biomedical Engineering*. Bd. 48. 2009, S. 378–379.

[134] T. Stieglitz. „Manufacturing, assembling and packaging of miniaturized neural implants". English. In: *Microsystem Technologies* 16.5 (2010), S. 723–734.

[135] T. Stieglitz, H. Beutel und U. Meyer. „Microflex - A New Assembling Technique for Interconnects". In: *Journal of Intelligent Material Systems and Structures* 11.6 (2000), S. 417–425.

[136] T. Stöver und T. Lenarz. „Biomaterialien bei Cochlea-Implantaten". In: *Technik für Lebensqualität - Biomaterialien und Implantate in der Hals-Nasen-Ohrenheilkunde* 88 (2009), S. 12–31.

[137] G. Tepe, J. Schmehl, H. P. Wendel, S. Schaffner, S. Heller, M. Gianotti, C. D. Claussen und S. H. Duda. „Reduced thrombogenicity of nitinol stents—In vitro evaluation of different surface modifications and coatings". In: *Biomaterials* 27.4 (2006), S. 643–650.

[138] A. Tooker, D. Liu, E. Anderson, S. Felix, K. Shah, K. Y. Lee, J. Chung, S. Pannu, L. Frank und V. Tolosa. „Towards a large-scale recording system: Demonstration of polymer-based penetrating array for chronic neural recording". In: *Engineering in Medicine and Biology Society (EMBC), 2014 36th Annual International Conference of the IEEE*. Aug. 2014, S. 6830–6833.

[139] R. K. Traeger. „Nonhermeticity of Polymeric Lid Sealants". In: *IEEE Transactions on Parts, Hybrids, and Packaging,* 13.2 (1977), S. 147–152.

[140] H. K. Trieu. „Surface Micromachined Pressure Sensors for Medical Applications". In: *Proceedings SENSOR 2011*. 2011, S. 618–623.

[141] J. Uhlemann, S. Schindler, G. Schlottig, M. Drechsler, S. Starcke, G. Vollmer und K.-J. Wolter. „Cytotoxicity of COB materials". In: *55th Electronic Components and Technology Conference*. Bd. 1. Mai 2005, S. 593–596.

[142] A. Vanhoestenberghe und N. Donaldson. „Corrosion of silicon integrated circuits and lifetime predictions in implantable electronic devices". In: *Journal of Neural Engineering* 10.3 (2013), S. 031002.

[143] H. Wagner. „Einfluss der Temperatur auf die eelektrisch Leitfähigkeit verdünnter, wwässrige Lösungen". In: *VGB Powertech* 92.3 (2012), S. 82–89.

[144] M. Waters, D. Williams, R. Jagger und M. Lewis. „Adherence of Candida albicans to experimental denture soft lining materials". In: *The Journal of Prosthetic Dentistry* 77.3 (1997), S. 306–312.

[145] S. Weber und T. C. Lueth. „Concept and Realisation of an implantable EMG and motion measuring device". In: *IEEE ASSP Magazine* 1 (Juli 2008), S. 165–168.

[146] M. Weinmann, W. Nisch, A. Stett, G. Urban und V. Bucher. „Monitored Water Vapour Barrier Coatings for Flexible Micro-Implants". In: *Biomedical Engineering / Biomedizinische Technik*. Bd. 57. 2013.

[147] M. Weinmann, J. Huck, W. Nisch, A. Stett, G. Urban und V. Bucher. „Flexible Verkapselungsschichten für elektrisch aktive Mikroimplantate". In: *Galvanotechnik* 08 (2013), S. 1620–1628.

[148] D. F. Williams. „On the mechanisms of biocompatibility". In: *Biomaterials* 29.20 (2008), S. 2941–2953.

[149] E. Wong, K. Chan, T. Lim und T. Lam. „Non-Fickian moisture properties characterization and diffusion modeling for electronic packages". In: *Proceedings of 49th Electronic Components and Technology Conference*. 1999, S. 302–306.

[150] R. Yoda. „Elastomers for biomedical applications". In: *Polymer Edition, Journal of Biomaterials Science* 9.6 (1998). PMID: 9659600, S. 561–626.

[151] D. Zeniieh, A. B. and. F. Olcaytug und G. Urban. „Parylene-C Thin Film For Biocompatible Encapsulations With Very Strong Adhesion And Superior Barrier Properties". In: *21st International Symposium on Plasma Chemistry (ISPC 21)*. 2013.

[152] G. Zhao, Z. Schwartz, M. Wieland, F. Rupp, J. Geis-Gerstorfer, D. L. Cochran und B. D. Boyan. „High surface energy enhances cell response to titanium substrate microstructure". In: *Journal of Biomedical Materials Research Part A* 74A.1 (2005), S. 49–58.

Normen

[153] Deutsches Institut für Medizinische Dokumentation und Information. *Benannte Stellen*. `http://www.dimdi.de/static/de/mpg/adress/benannte-stellen/`. aufgerufen am 31.01.2017. Dez. 2016.

[154] *DIN EN 45502-1:2016-02: Aktive implantierbare medizinischen Geräte - Teil 1: Allgemeine Festlegungen für die Sicherheit, Aufschriften und vom Hersteller zur Verfügung zu stellenden Informationen.*

[155] *DIN EN 556-1:2002-03: Sterilisation von Medizinprodukten - Anforderungen an Medizinprodukte, die als STERIL gekennzeichnet werden - Teil 1: Anforderungen an Medizinprodukte, die in der Endpackung sterilisiert wurden.*

[156] *DIN EN ISO 11339:2010-06 Klebstoffe - T-Schälprüfung für geklebte Verbindungen aus flexiblen Fügeteilen (ISO 11339:2010).*

[157] *DIN EN ISO 20795-1:2013-06: Zahnheilkunde - Kunststoffe - Teil 1: Prothesenkunststoffe (ISO 20795-1:2013).*

[158] *DIN EN ISO 2409:2013-06: Beschichtungsstoffe - Gitterschnittprüfung (ISO 2409:2013).* Technisches Komitee CEN/TC 139 „Lacke und Anstrichstoffe".

[159] *DIN EN ISO 4624:2016-08: Beschichtungsstoffe - Abreißversuch zur Bestimmung der Haftfestigkeit (ISO 4624:2016).* 2016.

[160] *DIN EN ISO 62:2008-05: Kunststoffe – Bestimmung der Wasseraufnahme (ISO 62:2008).* Technisches Komitee ISO/TC 61 „Plastics".

[161] International Organization for Standardization. *DIN EN ISO 10993-13:2010-11: Biologische Beurteilung von Medizinprodukten - Teil 13: Qualitativer und quantitativer Nachweis von Abbauprodukten in Medizinprodukten aus Polymeren (ISO 10993-13:2010).* Norm. International Organization for Standardization.

[162] Normenausschuss Medizin (NAMed). *DIN EN ISO 11135:2014-10: Sterilisation von Produkten für die Gesundheitsfürsorge - Ethylenoxid - Anforderungen an die Entwicklung, Validierung und Lenkung der Anwendung eines Sterilisationsverfahrens für Medizinprodukte (ISO 11135:2014).* Beuth Verlag. Beuth Verlag GmbH, Okt. 2014.

Abbildungsverzeichnis

Tabellenverzeichnis

ANHANG A

A.1 Varianten zum Aufbau einer flexiblen, miniaturisierten AVT

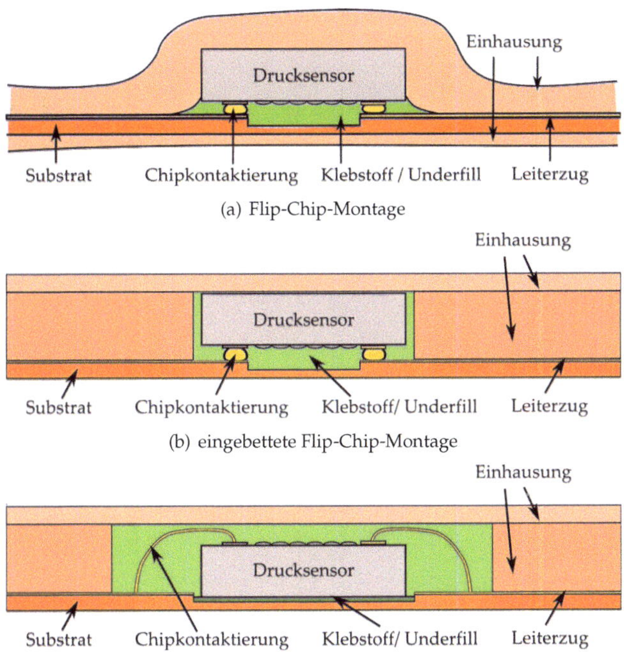

(c) eingebette Chip-on-Board-Montage

Abbildung A.1: Verschiedene Varianten einer flexiblen, miniaturisierten AVT für das ESiMED-Projekt, Aufbau des Drucksensors

A.2 Übersicht ausgewählter Sterilisationsverfahren

Tabelle A.1: Ausgewählte Sterilisationsverfahren: Funktionsparameter und Vergleich

Sterilisationsart	Thermisch	Chemisch	Physikalisch	
	Dampfsterilisation	EO-Sterilisation	Elektronenstrahl-Sterilisation	Gammastrahlen-Sterilisation
	bevorzugtes Standardverfahren [38]	trockenantiseptisches Verfahren [162], [41], [15]	Elektronenquelle, Energie 10 MeV [28]	Strahlenquelle: Kobalt 60, bis zu 50 kGy [54], [102]
Prozesstemperatur	(121 bis 134) °C	(37 bis 60) °C, Optimum: 55 °C		
Prozessdauer	(5 bis 60) min	(1 bis 6) h	mehrere Stunden	mehrere Stunden
Prozessdruck	(200 bis 300) kPa	variabler Unterdruck		
relative Feuchte	100 % Wasserdampf	(50 bis 90) % EO, Optimum: 33 %		
Vorteile	+ einfache Handhabung + kein Einsatz von Gefahrstoffen	+ große Tiefenwirkung und Penetrationsfähigkeit + Eignung für thermosensible Materialien	+ effizient, da Elektronenstrahlen tief in das Sterilgut eindringen + sehr gut kontrollierbar	+ effizient, da Gammastrahlen tief in das Sterilgut eindringen + sehr gut kontrollierbar
Nachteile	- für thermosensible Materialien ungeeignet - Korrosionsgefahr	- EO ist ein Gefahrstoff mit toxischen, kanzerogenen und mutagenen Eigenschaften - lange Desorptionszeiten - erfordert speziell qualifiziertes Personal - hohe Investitionskosten	- chemische und physikalische Materialveränderungen möglich - hohe Kosten - Einsatz von energiereicher Strahlung	- chemische und physikalische Materialveränderungen möglich - hohe Kosten - Einsatz von ionisierender Strahlung

A.3 Angaben zur Verarbeitung der Polymere

Tabelle A.2: Angaben zu Verarbeitung der einzelnen Polymeren, weitere Details sind den Datenblättern zu entnehmen

Polymer	Komponenten	Aushärte-temperatur	Aushärtedauer	Bemerkung
MED-6215	2	60 °C	120 min	transparent, unrestricted
MED-6219	2	150 °C	120 min	transparent, unrestricted
MED6-6606	1	Raumtemperatur	mind. 72 h	transparent, wenige µm-dicke Schichten
Sylgard-184	2	60 °C	120 min	transparent
PI-2611	1	130 °C bis 200 °C 350 °C	90 s bis 180 s 30 min	Softbake Hardbake unter Stickstoff
Parylene C	2	Raumtemperatur	-	PVD-Prozess
EPO-TEK-310M-1	2	65 °C	150 min	transparent

A.4 Membranherstellung

- Rotationsbeschichtung des Wafers mit der Opferschicht
  Material: G2500-100 g, Sigma-Aldrich Co. LLC, USA, Konzentration: 25 mg m^{-3}
  Prozessparameter Beschichtung 80 µl, 15 s bei 500 rpm und 30 s bei 2000 rpm
- Beschichtung des jeweiligen Polymers (Verarbeitung siehe Tabelle A.2)
- optional: Sauerstoff-Plasmabehandlung der Polymeroberfläche (Dreva Clean 450, Germany)
- optional: Aufsputtern eines Titanhaftvermittlers auf die erste Polymerschicht (Schichtdicke 23 nm)
  Prozess: LS730S Sputter System (von Ardenne Anlagentechnik GmbH),
  P =1500 W, 75 sccm Argon, 25 sccm Sauerstoff
- optional: Beschichtung einer zweiten Polymerschicht (Verarbeitung siehe Tabelle A.2)
- Aufkleben des Keramikrahmens als Träger für die freitragende Membran
- Ablösen der Polymermembran vom Wafer durch Auflösen der Gelatine-Schicht bei 50 °C in destillierten Wasser

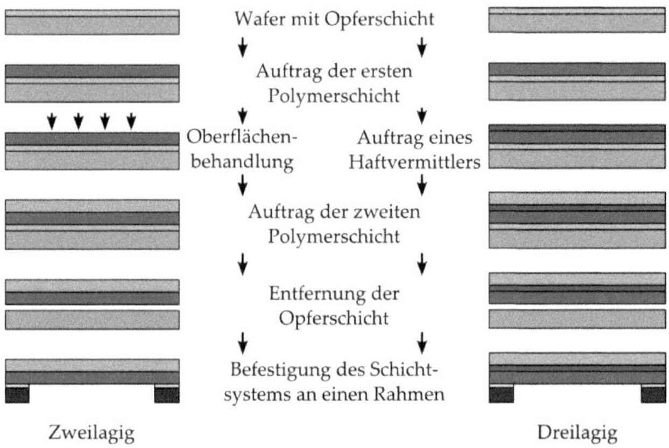

Abbildung A.2: Schematische Darstellung der Herstellung mehrlagiger Membranen

A.5 Kontaktwinkelmessung

Materialien und Methoden

- Kontaktwinkelmessgerät OCA 15 von DataPhysics Instruments GmbH, Deutschland
- Testflüssigkeit: destilliertes Wasser H_2O und Diiodmethan CH_2I_2
- 1 µl Tropfenvolumen
- Messung des statischen Kontaktwinkels

Ergebnisse

Bestimmung der Oberflächenenergie von beschichtetem Substrat bzw. Siliziumsubstrat, 76 mm x 26 mm x 1 mm, jeweils

- unbehandelt,
- nach 60 Tage Auslagerung bei 40 °C in deionisiert (DI)-Wasser
- nach Plasmabehandlung (Leistung 200 W, Dauer 1 min, Gasfluss O_2 20 sccm, Frequenz 13,56 MHz, Druck 15 Pa)

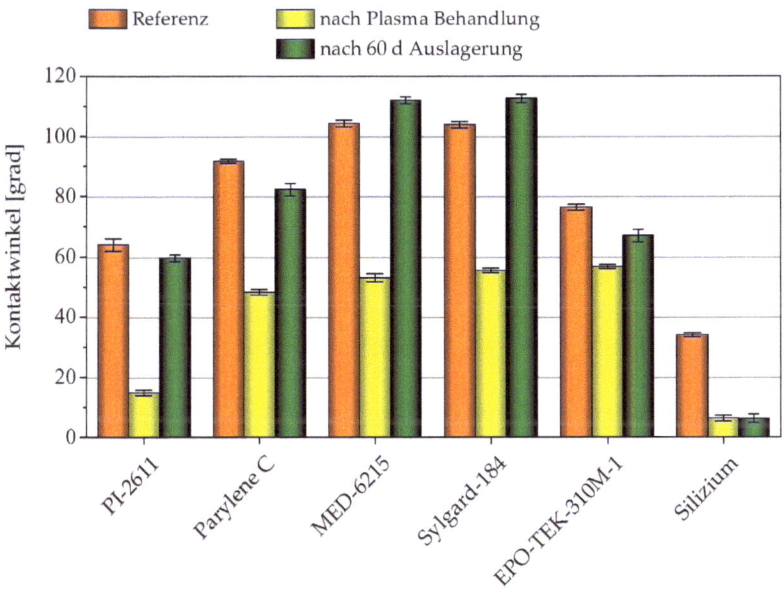

(a) Testflüssigkeit: H_2O

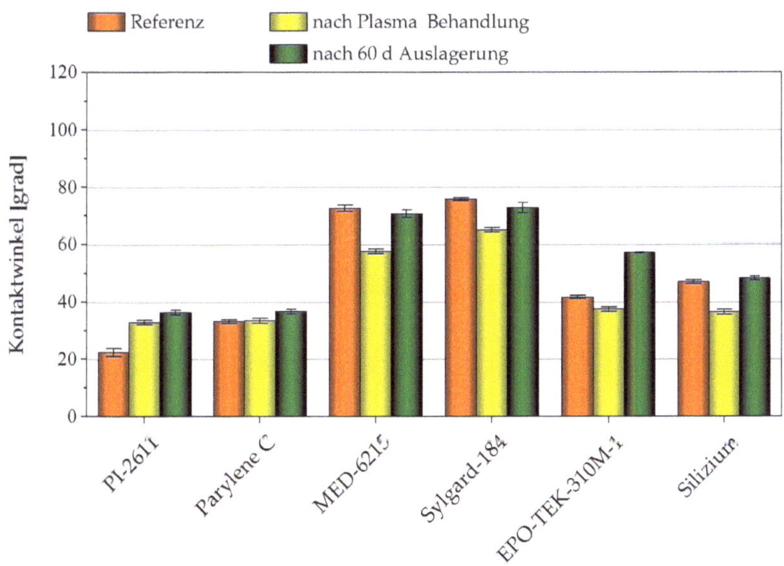

(b) Testflüssigkeit: CH_2I_2

Abbildung A.3: Kontaktwinkel Θ gemessen mit DI-Wasser (a) und mit Diiodmethan (b)

A.6 Wasseraufnahme und Wasserlöslichkeit

Materialien und Methode

- Herstellung von jeweils 6 Polymerproben
- Silikone und Epoxidharz - Proben mit Durchmesser 15 mm und Dicke 1 mm; Polyimid und Parylene C beschichtet auf 3-Zoll Wafer
- Versuchsdurchführung nach Norm DIN EN ISO 62:2008 *Kunststoffe - Bestimmung der Wasseraufnahme*:
    1. Trocknung der Polymerproben unter Verwendung von Silikagel (Lagerung im Exsikkator) bis zum Erreichen der Initialmasse m_1 bei 40 °C
       Wägung aller 24 h
    2. Wässerung von jeweils fünf gleichen Polymerproben durch Eintauchen in destilliertes Wasser (Masse m_2) bei 40 °C.
    3. Wägung nach 2 h, 6 h und 24 h (wiederholend), Trocknung der Proben vor dem Wiegen mit Stickstoff Druckluft
    4. Trocknung der Polymerproben identisch zu Ziffer 1 bis zum Erreichen der Masse m_3, Wägung aller 24 h
- Analysenwaage CPA225D (von Sartorius AG, Ablesbarkeit 0,01 mg)
- Oberflächenenergiemessung vor und nach 1. Trocknung, sowie nach Wässerung
- IR-Spektroskopie bei getrockneten und gewässerten Proben

weitere Ergebnisse

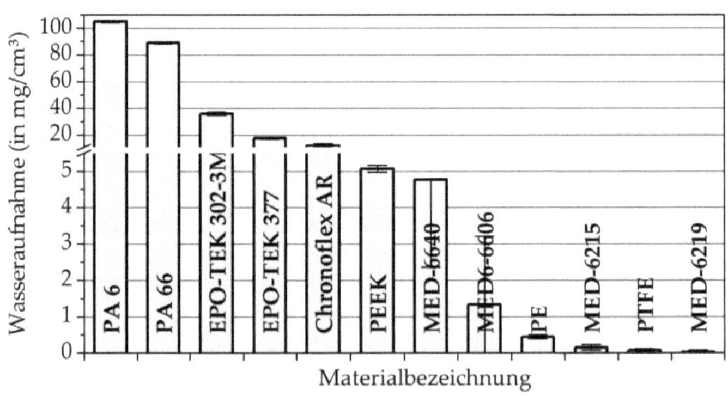

Abbildung A.4: Wasseraufnahme verschiedener Polymerproben nach 60 d Lagerung in destillierten Wasser bei 40 °C

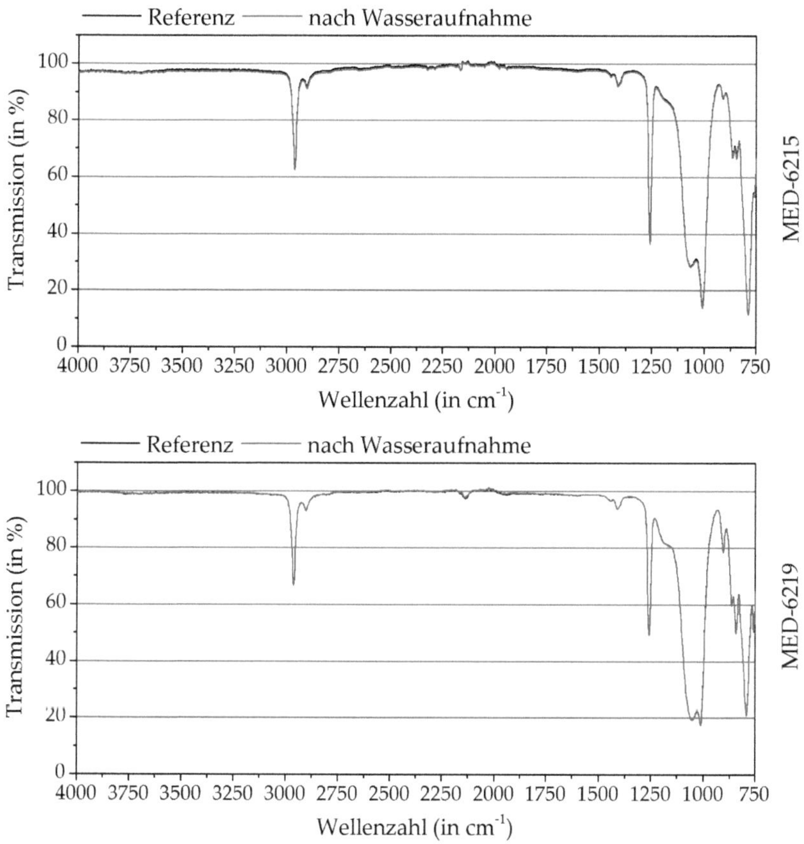

Abbildung A.5: IR-Spektren von MED-6215 und MED-6219 vor (Referenz) und nach der Wässerung

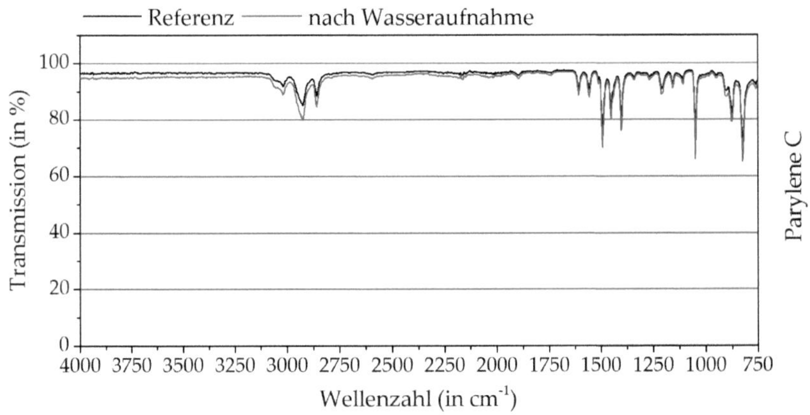

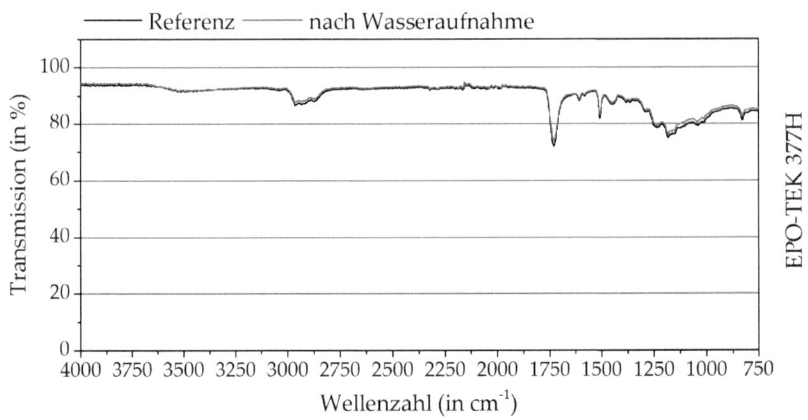

Abbildung A.6: IR-Spektren von Parylene C und EPO-TEK 377H vor (Referenz) und nach der Wässerung

A.7 Wasserdampfdurchlässigkeit

Tabelle A.3: Schichtdicke d und WDD bei 90 % Luftfeuchtigkeit und 38 °C mehrschichtiger Polymermembranen [53]

Membranmaterial	**Schichtdicke** d (in µm)	**WDD** WDD (in $\frac{g}{m^2 d}$)
MED6-6606	3,8 ± 0,4	17,7 ±0,09
Parylene C	6,1 ±0,4	9,83 ± 0,1
MED6-6606 + Parylene C	10,2 ±0,5	6,89 ±0,02
MED6-6606 + TiO_2 + Parylene C	10,3 ±0,5	6,07 ±0,01

A.8 Haftfestigkeit

Tabelle A.4: Untersuchte Einflussfaktoren mit Einflussgrößen

Bezeichnung	**Einflussgrößen/ Prozessparameter**	**Bemerkung**
Referenz	keine	keine weitere Behandlung der Proben
Plasma 1*	$P = 400\,W$, $t = 5\,min$	Oberflächenbehandlung von Polymer 1 oder Substrat
Plasma 2*	$P = 200\,W$, $t = 1\,min$	
Auslagerung	$t = 24\,h$, $\vartheta = 40\,°C$, destilliertes Wasser	Auslagerung des Materialverbundes (präparierte Proben)
Dampfsterilisation	$p = 300\,kPa$, $\vartheta = 134\,°C$, $t = 7\,min$	Sterilisation des Materialverbundes im Uniklinikum Carl Gustav Carus
EO-Sterilisation	100 % EO, $\vartheta = 45\,°C$, $t = 150\,min$,	
Elektronensterilisation	Dosis: 20,1 kGy	Sterilisation des Materialverbundes bei der Synergy Health Radeberg GmbH
Gammasterilisation	Dosis: 25,8 kGy	

* Sauerstoffplasma mit $Q_{O_2} = 33{,}78\,Pa\,m^3\,s^{-1} \mathrel{\hat{=}} 20\,sccm$, $f = 13{,}56\,MHz$ und $p = 15\,Pa$

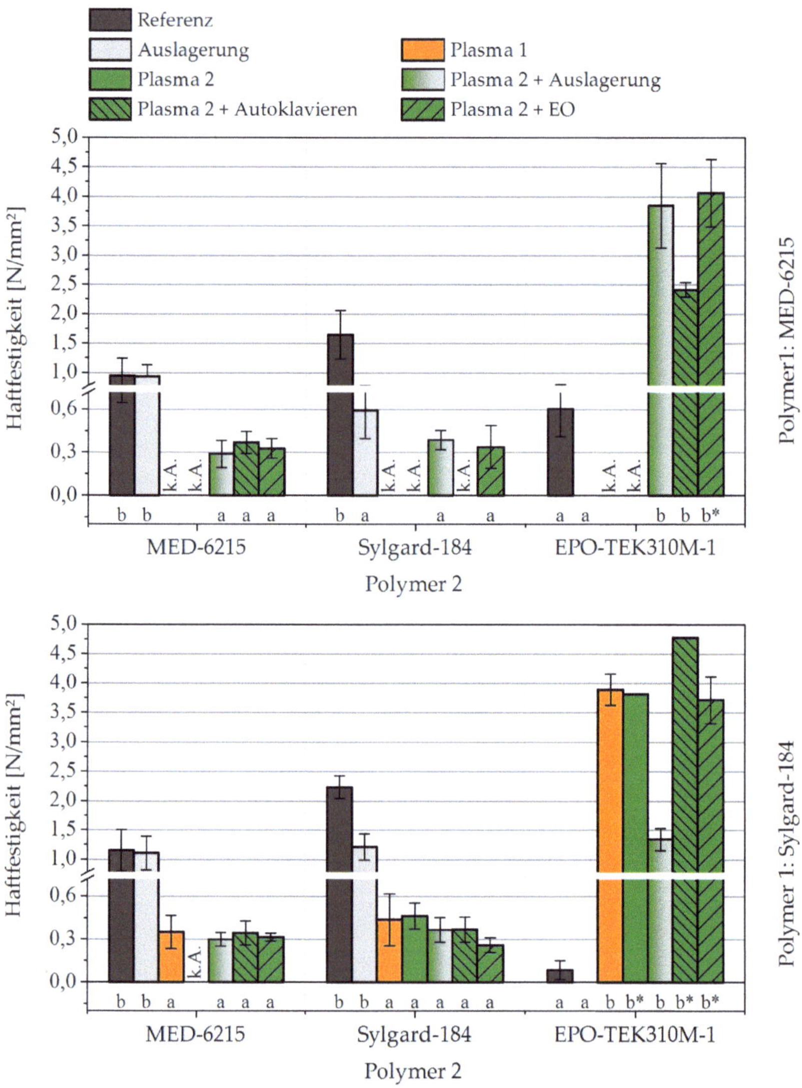

Abbildung A.7: Haftfestigkeit von Silikon und Epoxidharz (Polymer 2) auf Silikon (Polymer 1) unter Berücksichtigung von Plasma-Vorbehandlung und Auslagerung

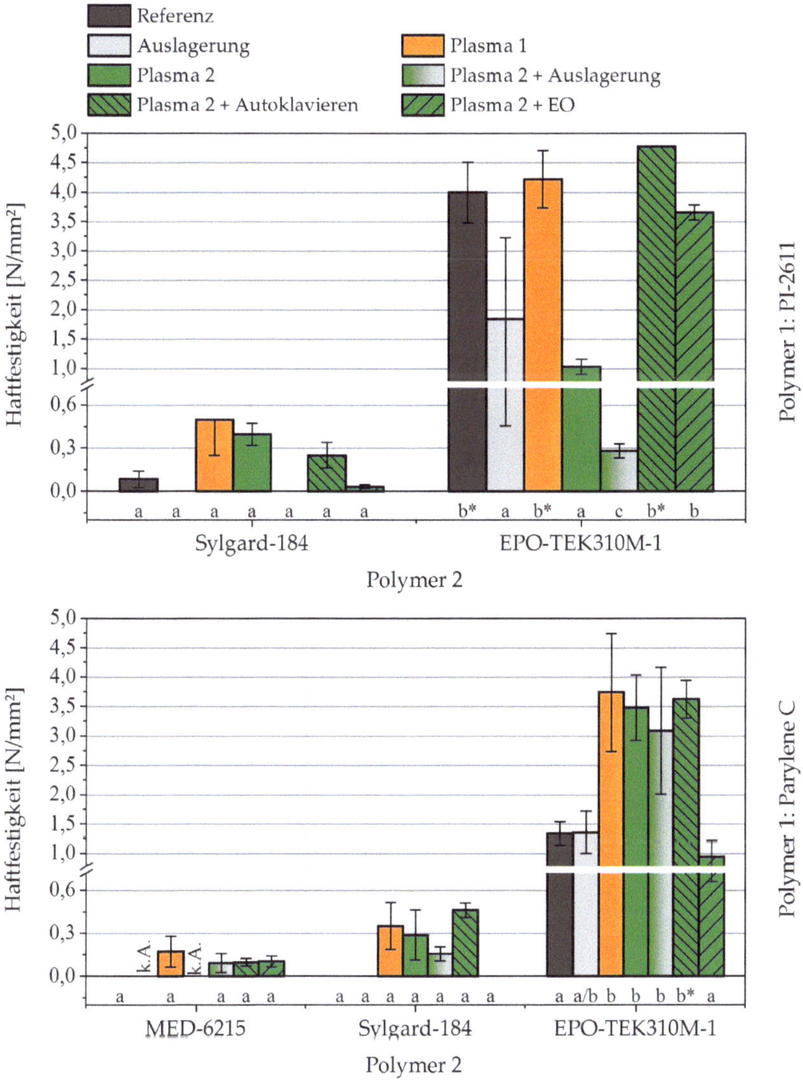

Abbildung A.8: Haftfestigkeit von Silikon und Epoxidharz (Polymer 2) auf Polyimid und Parylene C (Polymer 1) unter Berücksichtigung von Plasma-Vorbehandlung und Auslagerung

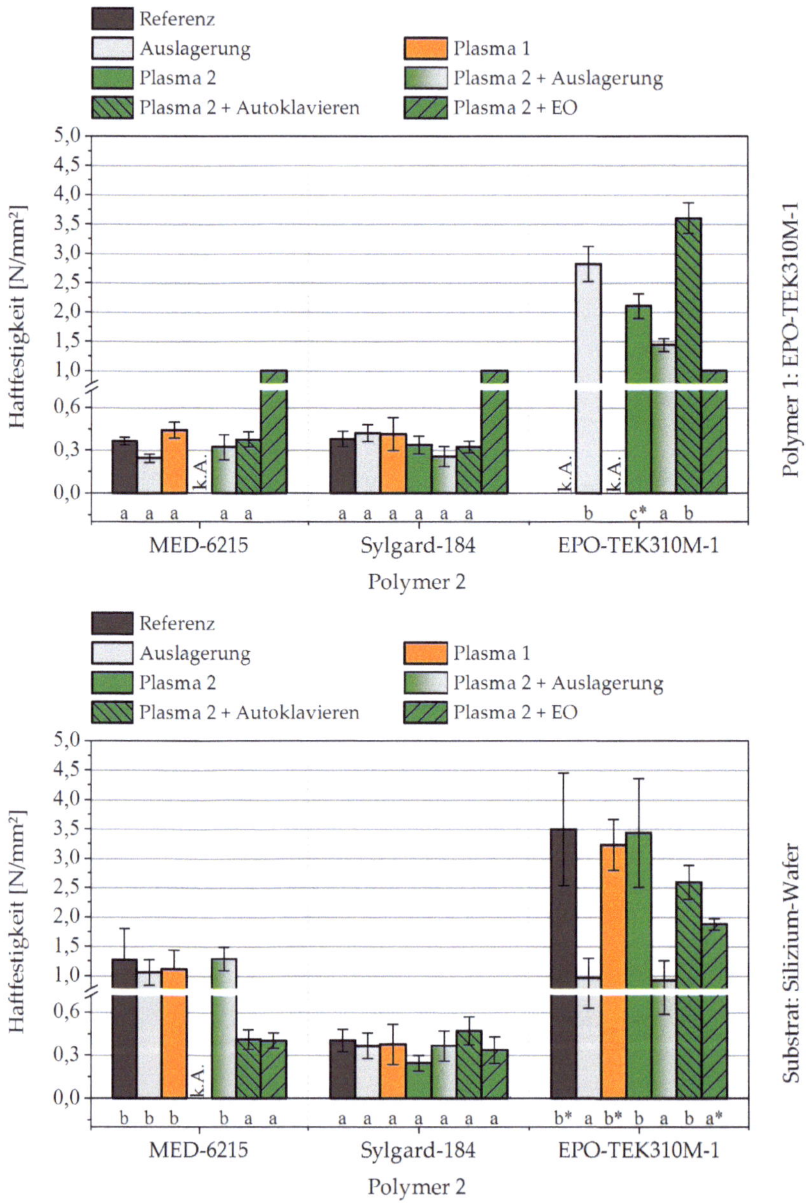

Abbildung A.9: Haftfestigkeit von Silikon und Epoxidharz (Polymer 2) auf Epoxidharz (Polymer 1) und Silizium-Wafer unter Berücksichtigung von Plasma-Vorbehandlung und Auslagerung

Tabelle A.5: Zugprüfung: Versuchsmatrix und Probenbezeichnung

Probenbezeichnung	Vorbehandlung Substrat		Belastung des Materialverbundes		
	Plasma 1	Plasma 2	Auslagerung	Dampf-Sterilisation	EO-Sterilisation
Referenz					
Plasma 1	✓				
Plasma 2		✓			
Plasma 2 + Auslagerung		✓	✓		
Plasma 2 + Autoklavieren		✓		✓	
Plasma 2 + EO		✓			✓

Tabelle A.6: Gemessene Haftkräfte beim T-Peel-Test F_P für verschiedene Schichtsysteme [44]

Schichtsystem	Haftkraft $[F_P]$=N	Bruchart
PI-2611 + PI-2611	0,008	(a)
PI-2611 + O_2 + PI-2611	0,442	(a),(b)
PI-2611 + CF_4 + PI-2611	0,505	(a),(b)
PI-2611 + Ti/Au + PI-2611	0	-
PI-2611 + EPO-TEK 310M	> 0,821	(c)
PI-2611 + Ti/Au + EPO-TEK 310M	0,01	(a)

A.9 Fluidische Belastung

(a) Strömungskammer mit Proben

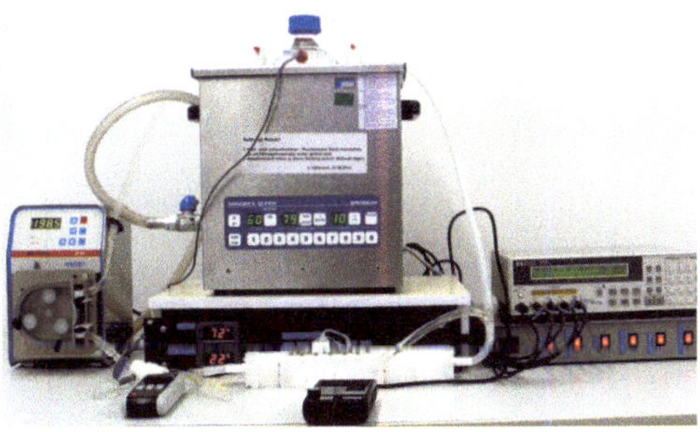

(b) Versuchsaufbau

Abbildung A.10: Bilder zum Versuchsaufbau (Strömungskreislauf)

Probekörper

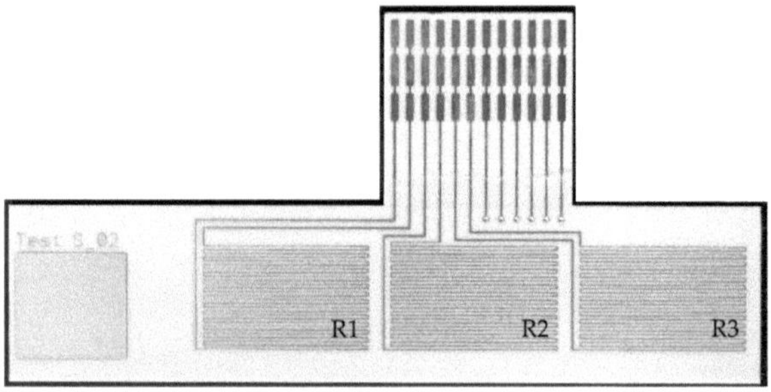

Abbildung A.11: Widerstandsstrukturen auf dem starren, keramischen Probekörper

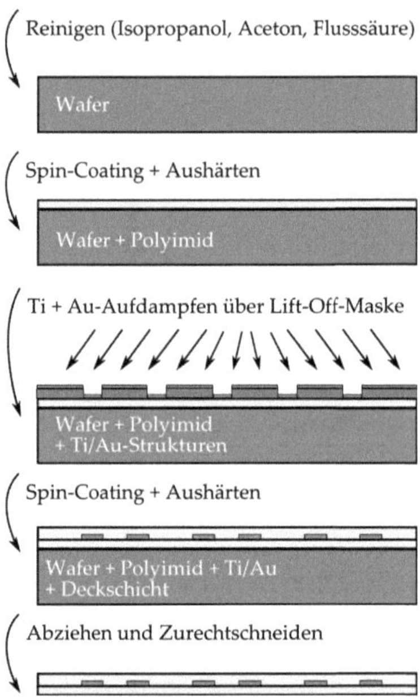

Abbildung A.12: Probekörperherstellung für flexible Probekörper mit Goldstrukturen

(a) Widerstandsstruktur 100x

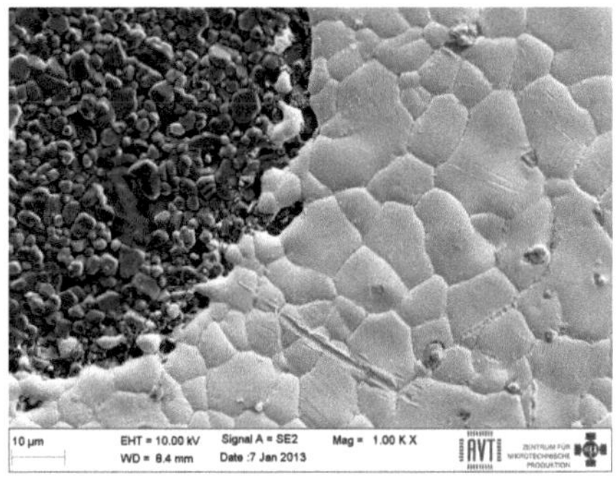

(b) Widerstandsstruktur 1000x

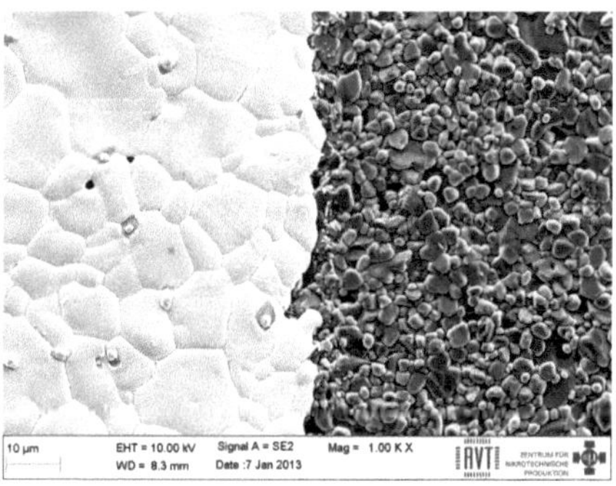

(c) Widerstandsstruktur 1000x

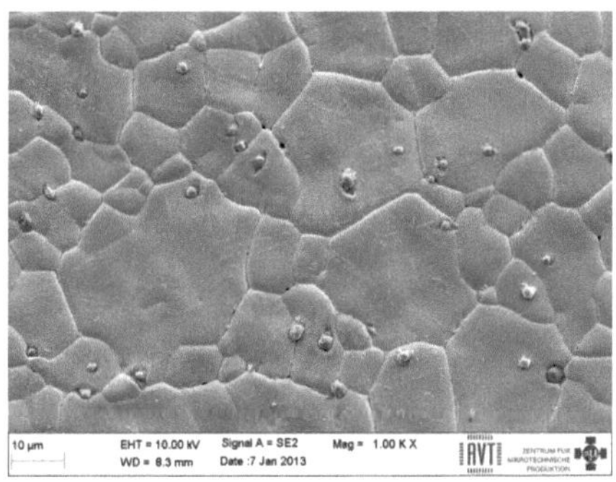

(d) Kontrollfläche 1000x

Abbildung A.13: Rasterelektronenmikroskopische Detailaufnahmen unbelasteter starrer Probekörper

Ergebnisse

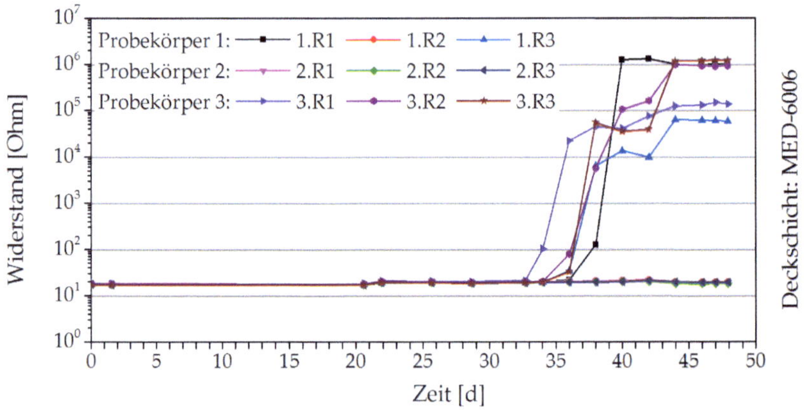

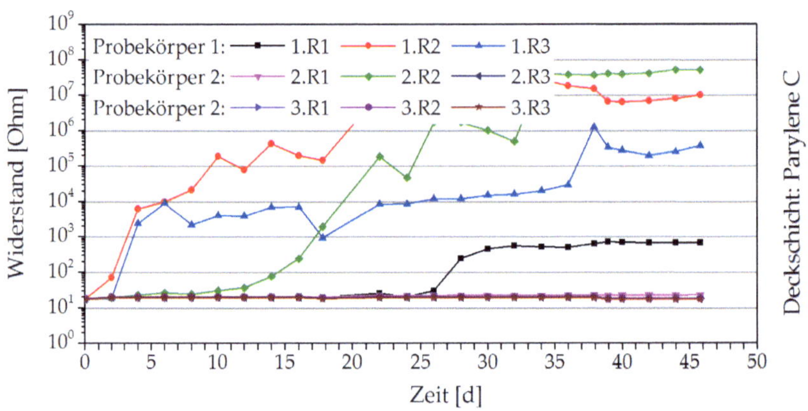

Abbildung A.14: Ausgewählte Widerstandsverläufe während der fluidischen Belastung

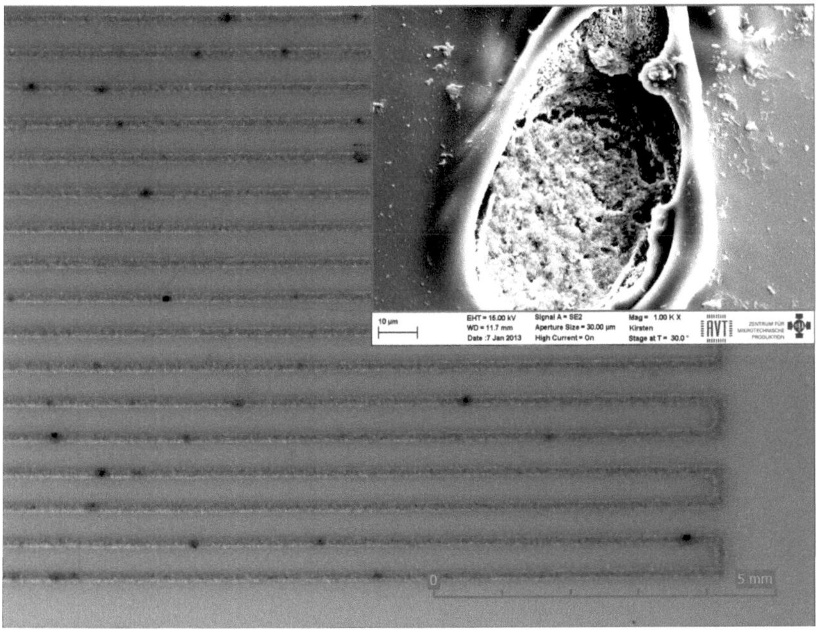

Abbildung A.15: Mikroskopische und rasterelektronenmikroskopische Aufnahme von MED6-6606 beschichteten Probekörpern nach der fluidischen Belastung

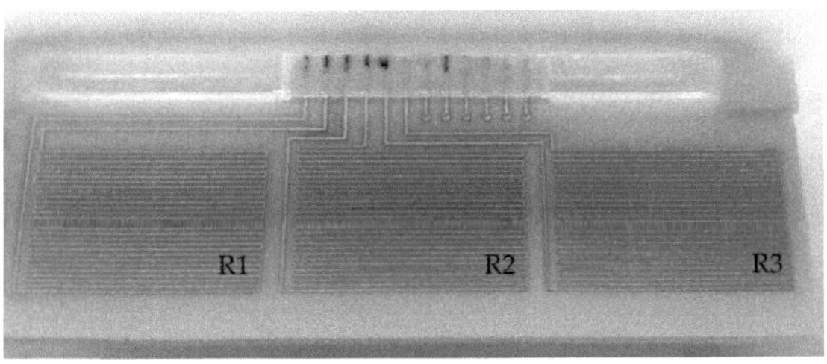

Abbildung A.16: Probekörper mit Parylene C-Deckschicht nach fluidischer Belastung

Ebenfalls in der Reihe *Dresdner Beiträge zur Aufbau- und Verbindungstechnik der Elektronik* erscheinen:

Band 1
Alexander Klemm
In-Situ-Charakterisierung von Lötvorgängen für die Leistungselektronik

Band 2
Robert Bonasewicz
Miniaturization of UV-regenerated ozone sensors

Band 4
Enno Lorenz
Zuverlässigkeit von Durchkontaktierungen für flexible elektronische Systeme

Band 5
Robert Schwerz
Zuverlässigkeitsanalyse von gekapselten Bauelementen in der 3D-Leiterplattenintegration